中亚冬季暴雪

（1991—2020年）

李如琦　李桉孛　周雅蔓　
李　娜　赵凤环　魏娟娟　等编著

气象出版社
China Meteorological Press

内容简介

本书是新疆维吾尔自治区气象台为提升"丝绸之路经济带"气象灾害预报预警保障能力的创新性成果之一。全书共分 6 章:第 1 章介绍 1991—2020 年中亚(五国)冬季暴雪过程选取的标准及天气气候特点;第 2 章按天气过程出现时间先后顺序,给出了 1991—2020 年中亚地区 67 场冬季暴雪天气过程索引表,包括起止时间、暴雪落区、暴雪类型、过程强度信息;第 3 章至第 6 章分别对 5 场特强暴雪、14 场强暴雪、17 场中等强度暴雪和 31 场一般强度暴雪天气过程做了详细描述,给出过程累计降雪实况分布、最强降雪日降雪量分布和 500 hPa、700 hPa、850 hPa 特征层的高度、温度和风场及海平面气压场的环流形势图。

本书较为全面地梳理了 30 年中亚地区不同强度暴雪过程的时空分布特征及环流形势,可供从事气象、水利、自然资源、生态、环境、人文、经济及社会其他行业的业务、科研、培训和管理决策人员参考。

图书在版编目(CIP)数据

中亚冬季暴雪 : 1991—2020 年 / 李如琦等编著. 北京 : 气象出版社, 2025. 2. -- ISBN 978-7-5029-8405-2

Ⅰ. P426.63

中国国家版本馆 CIP 数据核字第 2025YD8672 号

中亚冬季暴雪(1991—2020 年)

Zhongya Dongji Baoxue(1991—2020 Nian)

出版发行: 气象出版社

地　　址: 北京市海淀区中关村南大街 46 号　　**邮政编码:** 100081

电　　话: 010-68407112(总编室)　010-68408042(发行部)

网　　址: http://www.qxcbs.com　　**E-mail:** qxcbs@cma.gov.cn

责任编辑: 陈　红　　**终　　审:** 张　斌

责任校对: 张硕杰　　**责任技编:** 赵相宁

封面设计: 艺点设计

印　　刷: 北京建宏印刷有限公司

开　　本: 787 mm×1092 mm　1/16　　**印　　张:** 9.5

字　　数: 240 千字　　**彩　　插:** 1

版　　次: 2025 年 2 月第 1 版　　**印　　次:** 2025 年 2 月第 1 次印刷

定　　价: 60.00 元

《中亚冬季暴雪(1991—2020年)》
编 委 会

前　　言

中亚泛指中国新疆和中亚五国及周边区域，深居欧亚大陆腹地，地形复杂，既是气候变化的敏感区和脆弱区，又是气象灾害的多发、高发、重发区，中亚如今已成为“一带一路”的关键节点，也受到当今世界的日益关注。

鉴于对新疆区域暴雪的研究较多，成果也较丰富，为补充对中亚区域暴雪天气的全面认识，本书主要关注的是狭义上的中亚，即中亚五国（哈萨克斯坦、乌兹别克斯坦、吉尔吉斯斯坦、塔吉克斯坦、土库曼斯坦）区域的暴雪天气过程。由于历史原因，中亚（五国）区域的观测数据尤其是降水实况数据缺失较为严重，对该区域灾害性天气的分析和研究十分不便。有鉴于此，采用全球降水再分析数据进行分析。

本书主要包括编制说明和正文两大部分。编制说明给出了资料来源以及中亚暴雪天气过程的选取、强度划分和分类的标准。正文内容共分 6 章：第 1 章简要介绍了中亚范围及其气候变化特点，并分析了中亚降雪、暴雪的时空分布特征；第 2 章为 1991—2020 年中亚暴雪天气过程索引表，给出了 30 年中 67 场暴雪天气过程的起止时间、暴雪落区、暴雪类型、过程强度信息；第 3 章为中亚 5 场特强暴雪天气过程的实况分析和环流形势图；第 4 章为中亚 14 场强暴雪天气过程的实况分析和环流形势图；第 5 章给出了中亚 17 场中等强度暴雪天气过程的实况分析和环流形势图；第 6 章给出了中亚 31 场一般强度暴雪天气过程的实况分析和环流形势图。

本书的编写和出版得到了新疆维吾尔自治区气象台领导的大力支持，新疆维吾尔自治区气象台中亚天气预报中心的全体成员和相关同事积极参与本书的编制。新疆维吾尔自治区气象台承担的新疆维吾尔自治区重点研发计划项目（2023B03019-2）、新疆维吾尔自治区自然科学基金（2022D01D086）、国家重点研发计划重点专项（2019YFC1510501）、第二次青藏高原综合考察研究国家专项（2019QZKK0102）给予了技术和经费支持。由于本书编写涉及面广、编写组水平有限，不一定能完全体现编制的所有初衷，希望读者不吝赐教，以便今后改进。在本书编写初期，新疆维吾尔自治区气象台正高级工程师、首席预报员张俊兰投入了大量的精力，为完成编写奠定了基础，在此深表感谢。

编者

2024 年 6 月

编写说明

一、暴雪天气标准

由于不同地域的气候差异，各地对于降雪量级的标准各不相同。为了适应中亚预报服务业务的新需要，本书中降雪量级采用气候特征接近、同属中亚地区的中国新疆地方标准《降水量级别》(DB65/T 3273—2011)，以 24 小时降雪量>12.0 mm 作为中亚暴雪的量级标准(附表 1)。

附表 1　24 小时降雪量级标准

	小雪	中雪	大雪	暴雪	大暴雪	特大暴雪
降雪量/mm	0.1～3.0	3.1～6.0	6.1～12.0	12.1～24.0	24.1～48.0	>48.0

二、资料与统计方法

中亚暴雪过程的降雪实况资料采用美国国家海洋和大气管理局(NOAA)气候预测中心(CPC)提供的逐日 0.5°×0.5°全球日降水量再分析资料，高、低空环流形势所用到的位势高度、气温、风向风速、海平面气压等均来自美国环境预报中心(NCEP)和美国国家大气研究中心(NCAR)联合提供的一日四次 2.5°×2.5°格距的再分析资料，实况和环流形势图均采用 GRADS 软件绘制。

日观测数据的界定为：前一日 20:00 至当日 20:00(北京时，下同)，如 2 日降水量为 1 日 20:00 至 2 日 20:00 降水量的累计值。

三、暴雪过程标准说明

筛选中亚暴雪过程的标准：

(1)发生在冬季(当年 12 月至翌年 2 月)；

(2)日降雪量>12.0 mm(暴雪标准)；

(3)过程降水持续时间≥2 d；

(4)过程单日暴雪覆盖面积≥5×(0.5°×0.5°)，或格点≥30 个。

四、暴雪类型确定标准说明

对于中亚暴雪的类型，主要按地面影响系统来确定，分为冷锋暴雪和暖锋暴雪两类，两类均出现则以“冷锋+暖锋”表示。

五、暴雪过程强度划分标准说明

以过程累计暴雪覆盖范围格点数大小作为中亚暴雪过程强度划分标准(附表 2)。

附表 2　过程强度划分标准

	一般	中等	强	特强
暴雪覆盖格点数/个	30～80	81～125	126～240	≥241

目　　录

第 1 章　中亚冬季暴雪气候概况

1.1　中亚气候概况

中亚(中亚细亚)意指亚洲中部地区,关于“中亚”地理概念的认识一直以来并不统一。本书所指的中亚主要为狭义上的“中亚”,仅限于中亚五国,即哈萨克斯坦、吉尔吉斯斯坦、乌兹别克斯坦、塔吉克斯坦、土库曼斯坦五国区域,总面积近 4.0×10^6 km^2,地理位置 46°45′—87°22′E,35°05′—52°34′N(图 1.1)[1]。

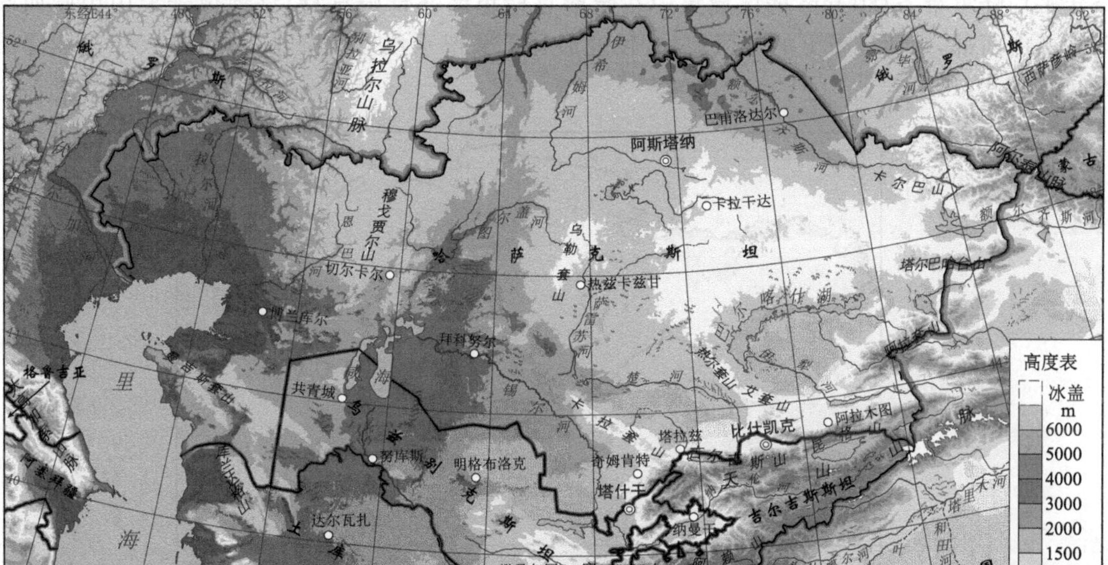

图 1.1　中亚五国区划(另见彩图)

中亚地处亚欧大陆的结合部,是地球陆地北半球温带面积最大的世界级干旱区,位于中国青藏高原西侧的帕米尔高原西北坡,地势东南高、西北低,地形以丘陵和平原为主。中亚地区深居内陆,远离海洋,为典型的温带沙漠、草原大陆性气候,雨水稀少,极其干燥,生态系统十分脆弱。东部帕米尔高原、天山山脉、阿尔泰山相连,形成高大的地形屏障,截留高空西风气流从大西洋和北冰洋输送的水汽,在山系西部的迎风坡形成较为丰沛的降水,成为中亚地区唯一的水源补给地区[2,3]。

观测事实表明,中亚地区正在面临暖湿化[4]。近 100 年来,中亚地区的气温整体变化一致,呈明显的升温趋势,其平均气温的变化主要取决于冬季气温的变化[5,6];年降水和各季降水都表现出微弱增多趋势,以冬季降水的增加速度最大(0.7 mm/(10 a))[7]。

因此,要了解中亚干旱区气候暖湿化的机制,有必要对中亚地区降水特别是冬季降水的分布特征进行深入的分析和研究。

1.2 中亚冬季降雪特征

1.2.1 中亚冬季平均降雪量

1991—2020 年中亚地区的冬季年平均降雪量的空间分布极不均匀(图 1.2)。30 年中,中亚冬季大部分区域的平均降雪量<60 mm,哈萨克斯坦的西北部和东南部、乌兹别克斯坦和土库曼斯坦的东部、吉尔吉斯斯坦和塔吉克斯坦的西部的冬季年平均降雪量为 60~180 mm,冬季年平均降雪量>180 mm 的区域集中在哈萨克斯坦南部奇姆肯特,该地位于天山山脉西端玛纳斯山西部,为西风带上的迎风坡,这种地形利于截留水汽形成降水,冬季最大年平均降雪量达 247.9 mm。

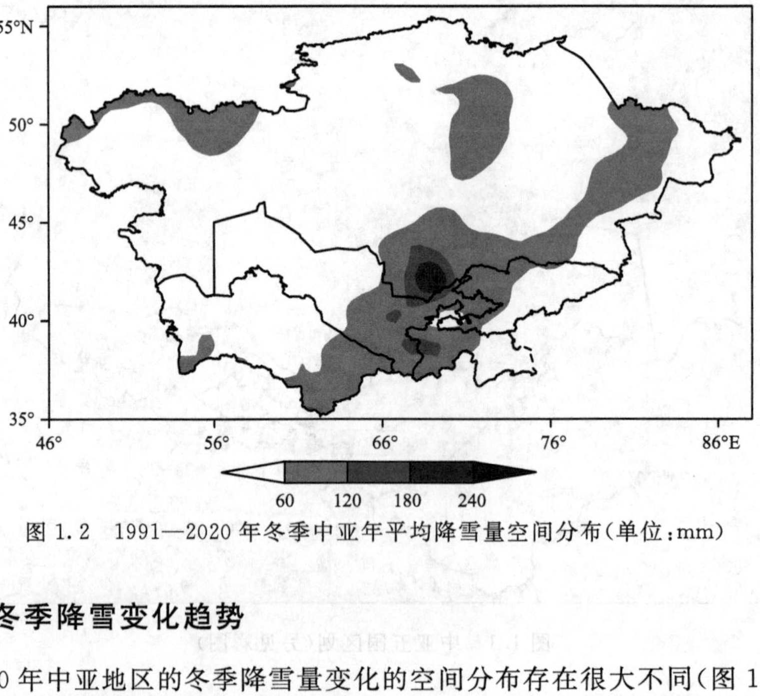

图 1.2 1991—2020 年冬季中亚年平均降雪量空间分布(单位:mm)

1.2.2 中亚冬季降雪变化趋势

1991—2020 年中亚地区的冬季降雪量变化的空间分布存在很大不同(图 1.3)。30 年中,中亚冬季大部分区域的降雪量呈增大趋势,仅哈萨克斯坦西部和东南部、乌兹别克斯坦东部、吉尔吉斯斯坦西部等的部分区域和塔吉克斯坦大部分地区的冬季降雪呈下降趋势,其中增长趋势中心区域位于哈萨克斯坦和乌兹别克斯坦交界处的图兰低地,增速超过 3 mm/(10 a),而降低趋势中心区域为乌兹别克斯坦东部的费尔干纳盆地和塔吉克斯坦中部的帕米尔高原北部克孜勒苏河下游河谷，减少趋势为 2 mm/(10 a)。

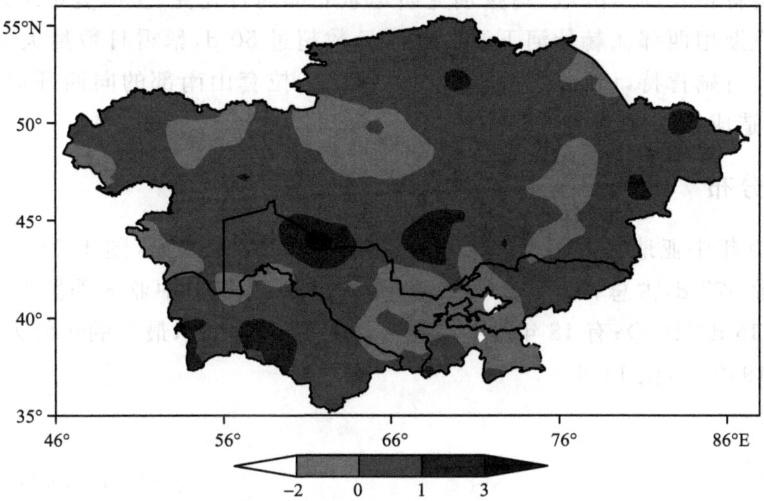

图 1.3　1991—2020 年冬季中亚降雪量变化趋势空间分布(单位:mm/(10 a))

1.3　中亚冬季暴雪特征

1.3.1　空间分布

1991—2020 年中亚地区的冬季暴雪日数的空间分布呈现明显的南多北少特征(图 1.4)。30 年中，哈萨克斯坦大部分区域、乌兹别克斯坦西部、土库曼斯坦北部、吉尔吉斯斯坦东部和塔吉克斯坦东部的暴雪日数基本上在 10 d 以下，尤其是哈萨克斯坦中部、北部大多数地区仅有 1 d 或没有出现过，哈萨克斯坦西北部的阿克托别、东部的塔尔巴哈台山北侧和南部卡拉套山以南区域以及乌兹别克斯坦布哈拉以东区域、土库曼斯坦卡拉库姆沙漠以南区域、吉尔吉斯

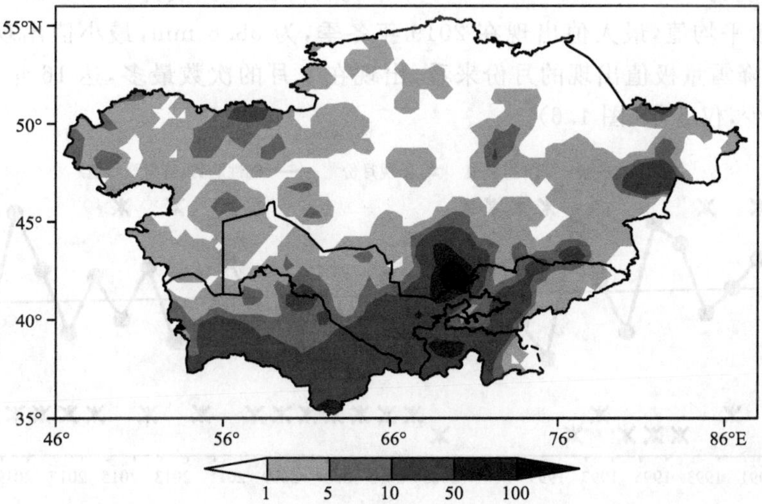

图 1.4　1991—2020 年冬季中亚暴雪日数空间分布(单位:d)

斯坦中南部费尔干纳山区、塔吉克斯坦帕米尔高原以西区域的暴雪日数为 10～50 d，仅哈萨克斯坦南部的奇姆肯特及周边区域、乌兹别克斯坦东北部的吉扎克、土库曼斯坦东南部穆尔加布河上游和塔吉克斯坦西部瓦赫什河下游的暴雪日数超过 50 d，暴雪日数最大的区域集中在哈萨克斯坦南部的奇姆肯特，该区域为玛纳斯山西部、卡拉套山南部的向西开口喇叭口地形，利于水汽的汇聚，造成暴雪出现次数多。

1.3.2　时间分布

1991—2020 年中亚地区的冬季暴雪日数存在明显的年际差异(图 1.5)。30 年中，中亚冬季出现暴雪日数 677 d，占总日数的 24.6%，年平均出现 22.6 d；中亚冬季暴雪日数呈缓慢增多趋势，增速为 0.16 d/(10 a)；有 18 年的冬季暴雪日数多于平均值，最多的年份为 2020 年(42 d)；最少的年份为 1999 年，仅 11 d。

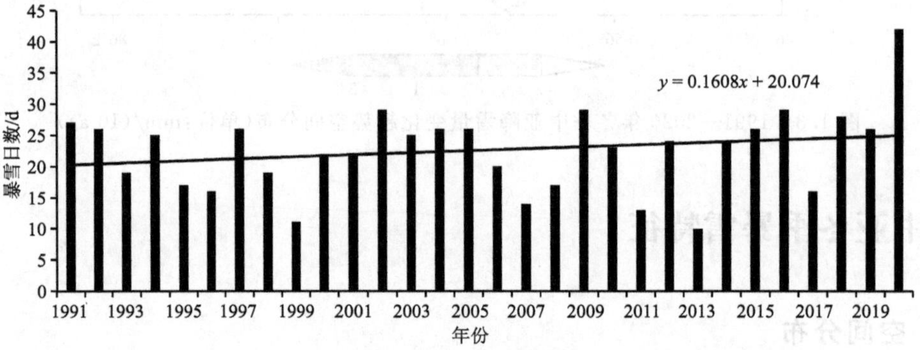

图 1.5　1991—2020 年冬季中亚暴雪日数年际变化(直线为线性趋势)

1.3.3　极值分布

1991—2020 年中亚地区的冬季日降雪量极值也存在明显的年际差异，总体呈两头大中间小的分布，即 1999 年以前和 2018 年以后平均值大、2000—2017 年平均值小；降雪量极值呈缓慢减小趋势，速度为－0.12 mm/(10 a)；30 年平均日降雪量极值为 38.7 mm，共有 16 年的日降雪量极值小于平均值，最大值出现在 2019 年冬季，为 58.6 mm，最小值出现在 1999 年，为 23.6 mm；从日降雪量极值出现的月份来看，出现在 2 月的次数最多，达 16 年，其次为 12 月，为 9 年，1 月最少，仅 5 年(图 1.6)。

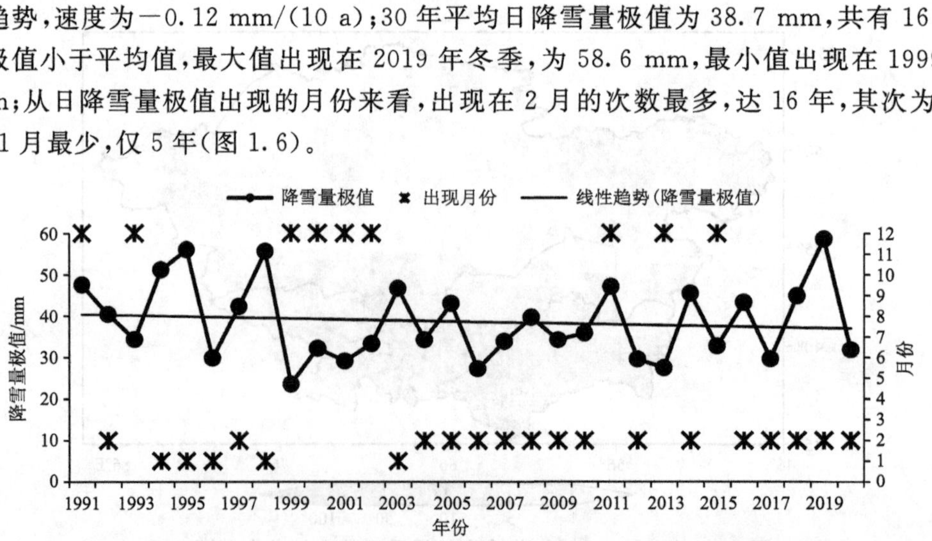

图 1.6　1991—2020 年冬季中亚日降雪量极值及其出现月份

1.3.4 暴雪日的年际分布

1991—2020 年中亚地区的冬季暴雪日数年际变化较大(图 1.7),但总体上仍表现为南多北少的特点,主要落区为帕米尔高原西部和天山山脉西端的迎风坡。

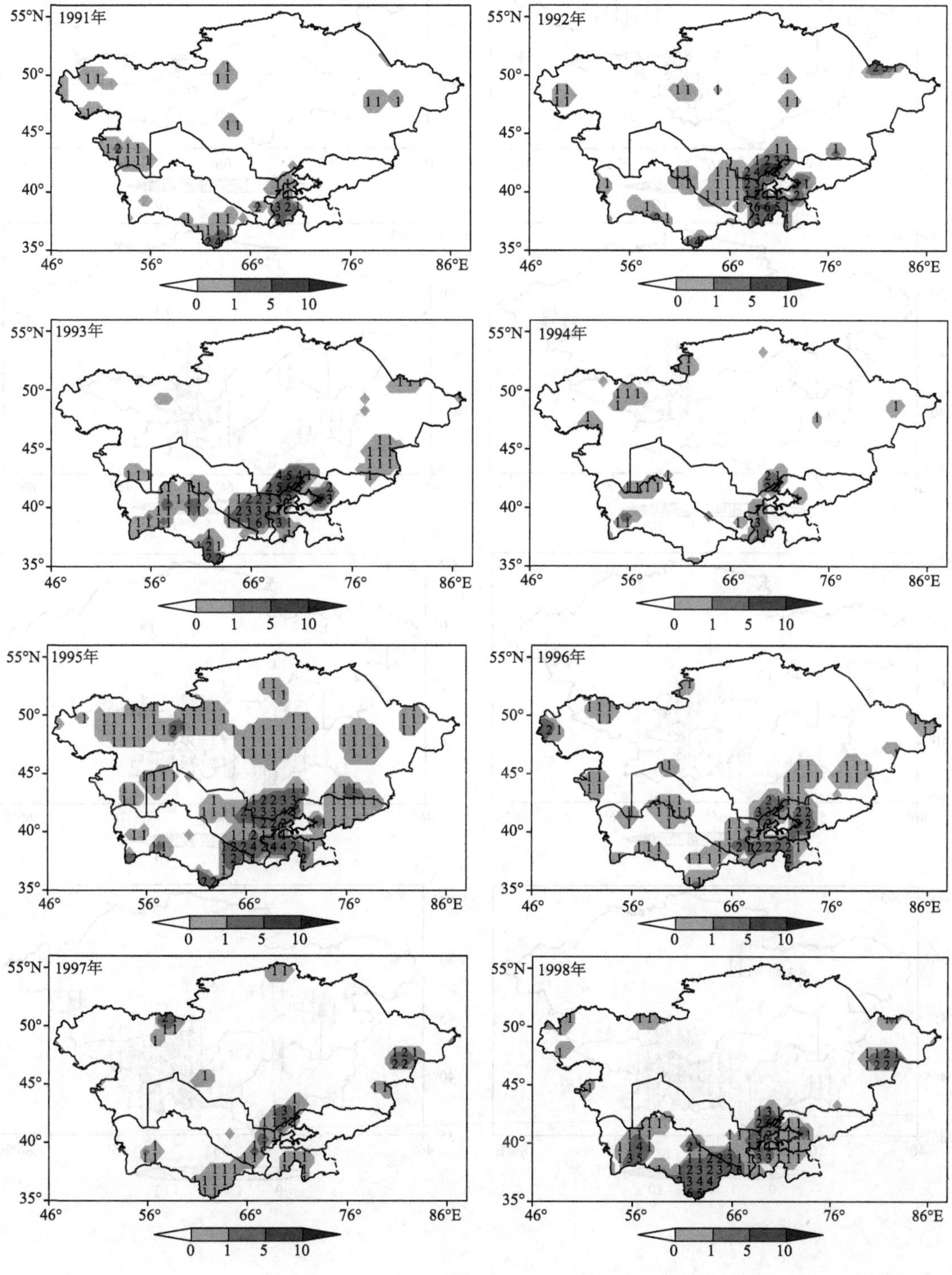

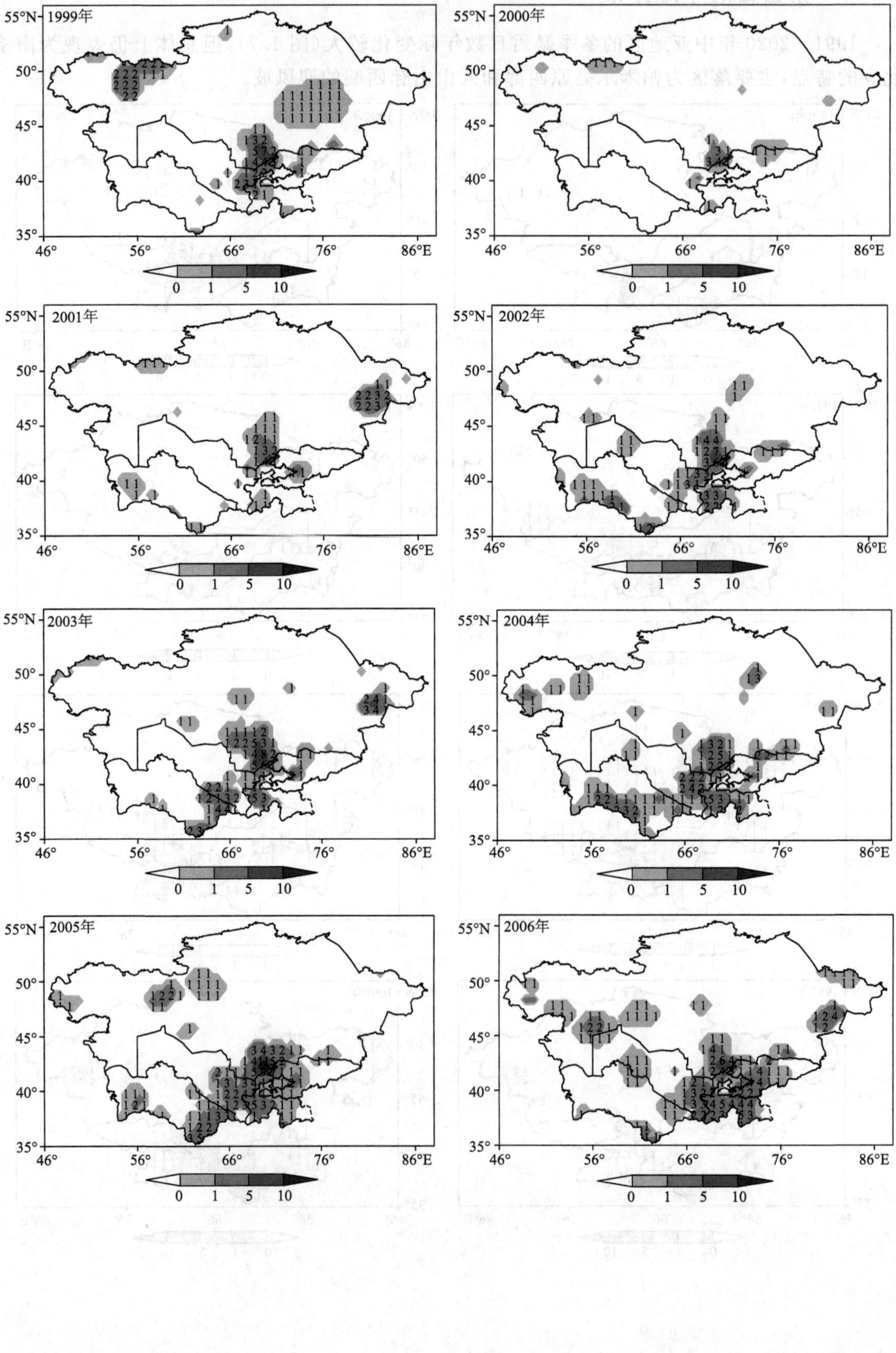
1999年
2000年
2001年
2002年
2003年
2004年
2005年
2006年
55°N
50°
45°
40°
35°
46°
56°
66°
76°
86°E
0
1
5
10

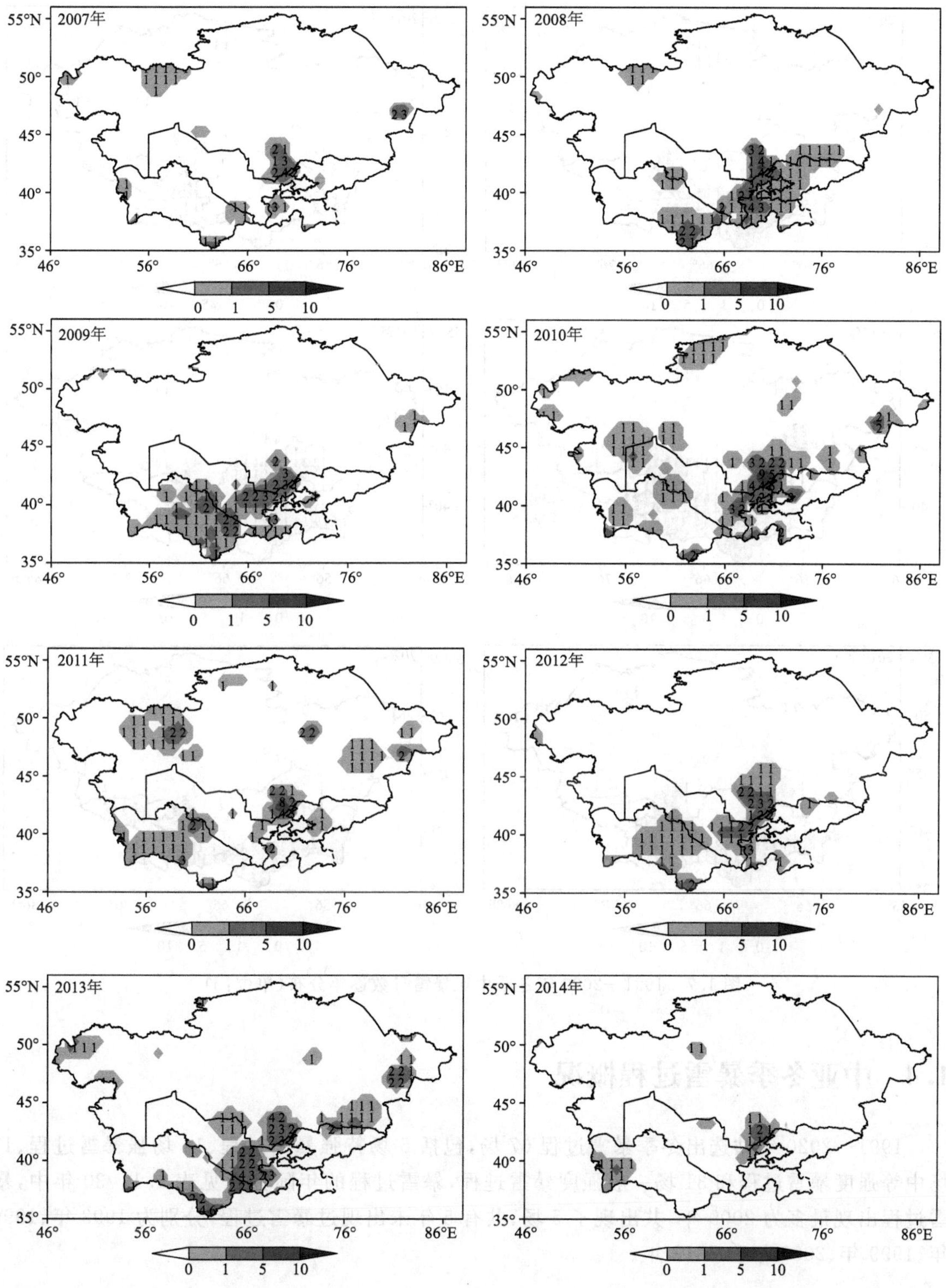
2007年
2008年
2009年
2010年
2011年
2012年
2013年
2014年
55°N
50°
45°
40°
35°
46°
56°
66°
76°
86°E
0
1
5
10

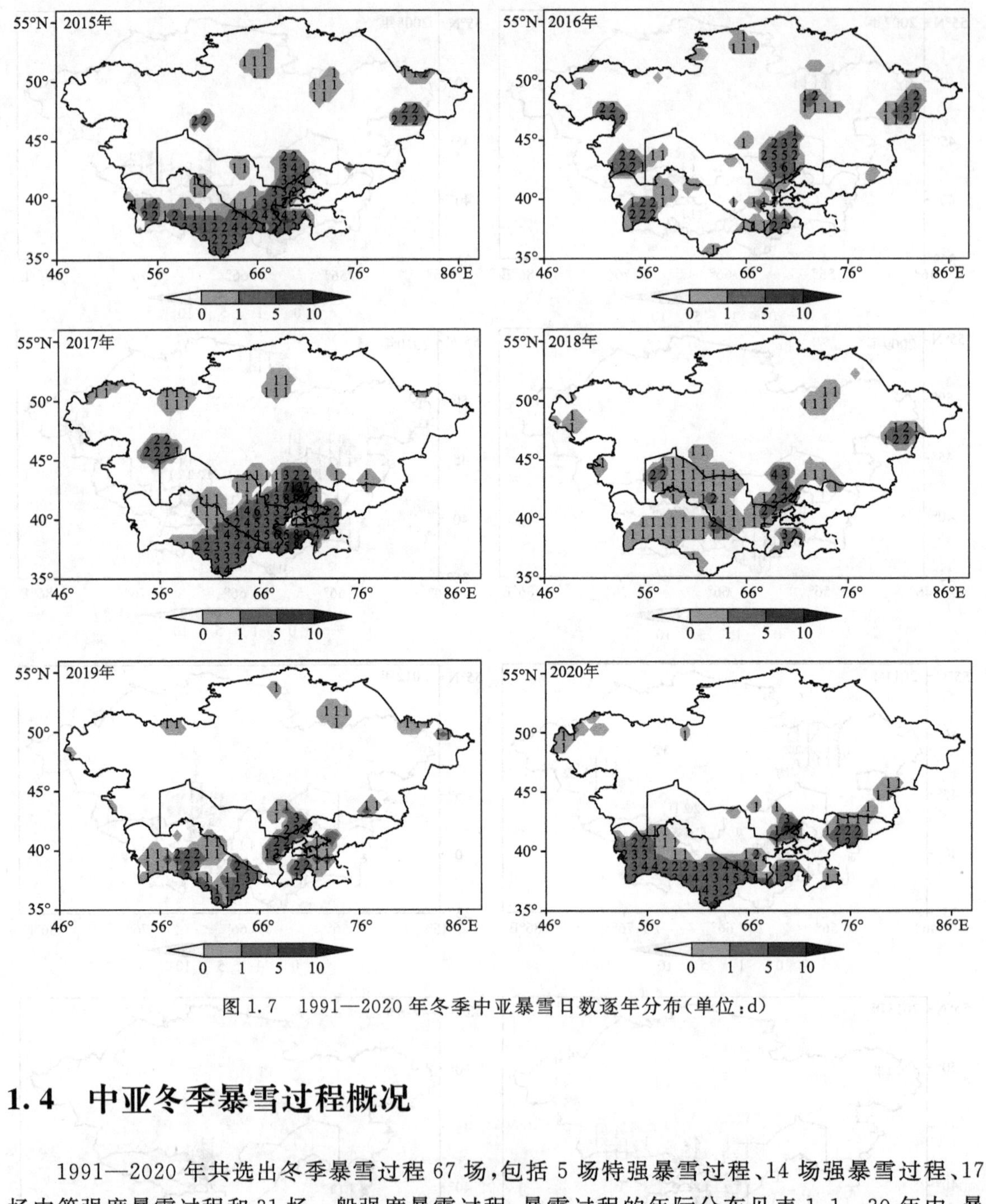

图 1.7　1991—2020 年冬季中亚暴雪日数逐年分布(单位:d)

1.4　中亚冬季暴雪过程概况

1991—2020 年共选出冬季暴雪过程 67 场,包括 5 场特强暴雪过程、14 场强暴雪过程、17 场中等强度暴雪过程和 31 场一般强度暴雪过程,暴雪过程的年际分布见表 1.1。30 年中,暴雪过程出现最多为 2009 年,共出现了 5 场;共有 5 年未出现过暴雪过程,分别为 1993 年、1996 年、1999 年、2001 年和 2013 年。

表 1.1　1991—2020 年中亚冬季暴雪过程的年际分布

年份	过程数/场	年份	过程数/场	年份	过程数/场	年份	过程数/场	年份	过程数/场	年份	过程数/场
1991	2	1996	0	2001	0	2006	1	2011	3	2016	5
1992	2	1997	3	2002	1	2007	2	2012	4	2017	2
1993	0	1998	2	2003	4	2008	2	2013	0	2018	3
1994	4	1999	0	2004	2	2009	5	2014	3	2019	4
1995	2	2000	1	2005	4	2010	3	2015	2	2020	1

参考文献

[1]　胡汝骥,姜逢清,王亚俊,等.中亚(五国)干旱生态地理环境特征[J].干旱区研究,2014,31(1):1-12.

[2]　黄秋霞,赵勇,何清.基于 CRU 资料的中亚地区气候特征[J].干旱区研究,2013,30(3):396-403.

[3]　Chen Y, Li W, Deng H, et al. Changes in Central Asia's water tower: Past, present and future[J]. Scientific Reports, 2016, 6:435-458.

[4]　IPCC. Climate Change 2007: The Physical Science Basis[M]. Cambridge: Cambridge University Press, 2007.

[5]　王劲松,陈发虎,张强,等.亚洲中部干旱半干旱区近 100 年来的气温变化研究[J].高原气象,2008,27(5):1035-1044.

[6]　王劲松,陈发虎,靳立亚,等.亚洲中部干旱区在 20 世纪两次暖期的表现[J].冰川冻土,2008,30(2):224-231.

[7]　陈发虎,黄伟,靳立亚,等.全球变暖背景下中亚干旱区降水变化特征及其空间差异[J].中国科学:地球科学,2011,41(11):1647-1657.

第2章 中亚冬季暴雪过程索引表

序号	起止时间	暴雪落区及降雪量级	暴雪类型	过程强度
1	1991年12月13—17日	南部暴雪、局地大暴雪	冷锋+暖锋	强
2	1992年2月24—27日	东南部暴雪、局地大暴雪	暖锋	中等
3	1992年12月22—24日	南部暴雪、局地大暴雪	暖锋	中等
4	1993年2月2—8日	南部和东部暴雪、局地大暴雪	暖锋+冷锋	特强
5	1994年12月1—2日	南部暴雪、局地大暴雪	暖锋	一般
6	1994年12月4—6日	南部暴雪、局地大暴雪	暖锋	强
7	1994年12月20—21日	南部暴雪、局地大暴雪	暖锋	一般
8	1995年1月13—14日	大部分地区暴雪、部分区域大暴雪	冷锋	特强
9	1996年2月3—4日	南部暴雪、局地大暴雪	冷锋	一般
10	1996年2月11—13日	南部和东部暴雪、局地大暴雪	冷锋	强
11	1998年1月6—8日	南部暴雪、局地大暴雪	暖锋+冷锋	一般
12	1998年2月9—11日	南部暴雪、局地大暴雪	冷锋	强
13	1998年2月12—14日	南部暴雪、局地大暴雪	冷锋	一般
14	1999年1月1—2日	南部和东部暴雪、局地大暴雪	冷锋	强
15	1999年2月20—22日	西北部和南部暴雪、局地大暴雪	暖锋	强
16	2000年12月6—7日	北部暴雪、局地大暴雪	冷锋	一般
17	2003年2月21—22日	中部暴雪、局地大暴雪	冷锋	一般
18	2003年12月10—12日	西部和南部暴雪、局地大暴雪	冷锋	一般
19	2003年12月21—22日	东南部暴雪、局地大暴雪	冷锋	中等
20	2004年1月15—16日	南部暴雪、局地大暴雪	冷锋	一般
21	2004年1月27—28日	南部暴雪、局地大暴雪	冷锋	一般
22	2004年12月13—14日	东南部和西北部暴雪	暖锋	中等
23	2004年12月16—19日	南部暴雪、局地大暴雪	冷锋	特强
24	2005年12月27—28日	南部暴雪、局地大暴雪	暖锋+冷锋	一般
25	2006年1月23—28日	南部暴雪、局地大暴雪	冷锋	特强
26	2006年2月10—11日	东部和南部暴雪、局地大暴雪	暖锋	强
27	2006年2月17—19日	南部暴雪、局地大暴雪	暖锋	中等
28	2007年2月1—2日	北部暴雪	暖锋	一般
29	2007年12月17—19日	南部暴雪、局地大暴雪	暖锋	一般
30	2008年2月20—22日	东南部和西北部暴雪、局地大暴雪	暖锋+冷锋	强
31	2009年1月2—3日	南部暴雪、局地大暴雪	暖锋	一般

续表

序号	起止时间	暴雪落区及降雪量级	暴雪类型	过程强度
32	2009 年 2 月 2—3 日	南部暴雪、局地大暴雪	暖锋	强
33	2009 年 12 月 21—22 日	东部和南部暴雪、局地大暴雪	暖锋＋冷锋	一般
34	2010 年 1 月 5—7 日	西部和东部暴雪	冷锋	中等
35	2010 年 1 月 15—17 日	东部暴雪	冷锋	中等
36	2010 年 2 月 5—7 日	暴雪、局地大暴雪	暖锋＋冷锋	一般
37	2010 年 2 月 18—19 日	东南部暴雪、局地大暴雪	暖锋＋冷锋	一般
38	2010 年 12 月 1—3 日	北部和东部暴雪、局地大暴雪	暖锋＋冷锋	一般
39	2010 年 12 月 23—24 日	北部暴雪	暖锋	一般
40	2011 年 2 月 2—4 日	南部暴雪、局地大暴雪	冷锋	中等
41	2011 年 12 月 29—30 日	东部暴雪、局地大暴雪	冷锋	一般
42	2012 年 2 月 2—4 日	南部暴雪、局地大暴雪	暖锋＋冷锋	一般
43	2012 年 2 月 19—21 日	东部和南部暴雪、局地大暴雪	冷锋	一般
44	2012 年 12 月 1—2 日	东部和北部暴雪、局地大暴雪	冷锋	一般
45	2012 年 12 月 26—27 日	东部和南部暴雪、局地大暴雪	冷锋	一般
46	2013 年 1 月 11—12 日	南部暴雪、局地大暴雪	冷锋	中等
47	2013 年 2 月 1—5 日	南部暴雪、局地大暴雪	暖锋＋冷锋	中等
48	2015 年 2 月 11—13 日	中部和南部暴雪、局地大暴雪	冷锋	中等
49	2015 年 2 月 15—16 日	南部暴雪、局地大暴雪	冷锋	中等
50	2015 年 2 月 21—24 日	南部暴雪、局地大暴雪	冷锋	强
51	2015 年 12 月 24—26 日	北部暴雪、局地大暴雪	暖锋	中等
52	2016 年 1 月 8—11 日	南部暴雪	冷锋	一般
53	2016 年 12 月 3—4 日	西部和东南部暴雪	暖锋	一般
54	2016 年 12 月 7—10 日	南部暴雪、局地大暴雪	冷锋	中等
55	2017 年 2 月 3—4 日	南部暴雪、局地大暴雪	冷锋	一般
56	2017 年 2 月 14—15 日	南部暴雪、局地大暴雪	冷锋	中等
57	2017 年 2 月 17—19 日	南部和东部暴雪、局地大暴雪	冷锋	特强
58	2018 年 2 月 14—15 日	南部暴雪、局地大暴雪	冷锋	强
59	2018 年 2 月 26—28 日	南部暴雪、局地大暴雪	暖锋＋冷锋	强
60	2019 年 1 月 4—5 日	南部暴雪、局地大暴雪	冷锋	一般
61	2019 年 2 月 4—6 日	南部和东部暴雪、局地大暴雪	冷锋	强
62	2019 年 2 月 12—14 日	南部和东部暴雪、局地大暴雪	冷锋	强
63	2020 年 1 月 11—13 日	南部暴雪、局地大暴雪	冷锋	一般
64	2020 年 2 月 8—13 日	南部和东北部暴雪	冷锋	中等
65	2020 年 2 月 21—23 日	西南部暴雪	冷锋	一般
66	2020 年 2 月 26—27 日	西北部和南部暴雪	冷锋	中等
67	2021 年 2 月 7—10 日	东部暴雪、局地大暴雪	冷锋	一般

第3章 中亚冬季特强暴雪过程

3.1 1995年1月13—14日暴雪过程

3.1.1 过程特征

(1)过程强度:特强。

(2)暴雪类型:冷锋型。

(3)暴雪落区:中亚大部分地区暴雪、部分区域大暴雪。

3.1.2 降雪实况

(1)累计降雪量:哈萨克斯坦、土库曼斯坦、乌兹别克斯坦、塔吉克斯坦、吉尔吉斯斯坦出现降雪,哈萨克斯坦、土库曼斯坦、乌兹别克斯坦中东部、塔吉克斯坦、吉尔吉斯斯坦等地的部分区域累计降雪量3.1～12.0 mm,上述地区的局部区域累计降雪量12.1～24.0 mm,哈萨克斯坦、吉尔吉斯斯坦东部局地超过24.1 mm,12.1 mm及以上区域主要集中在(50°—83°E,37°—53°N)(图3.1a)。

(2)过程累计最大降雪中心:哈萨克斯坦(77.25°E,48.25°N)51.2 mm(图3.1a)。

(3)逐日暴雪落区:13日254个格点暴雪(哈萨克斯坦、土库曼斯坦、乌兹别克斯坦中东部、塔吉克斯坦、吉尔吉斯斯坦)、144个格点大暴雪(哈萨克斯坦、吉尔吉斯斯坦东部)、1个格点特大暴雪(哈萨克斯坦东部);14日8个格点暴雪(哈萨克斯坦南部)。共262个格点暴雪、144个格点大暴雪、1个格点特大暴雪。

(4)日最大暴雪中心:哈萨克斯坦(77.25°E,48.25°N)13日51.2 mm,属特大暴雪(图3.1b)。

3.1.3 环流形势及特征量

3.1.3.1 环流形势

(1)500 hPa环流:"两脊两槽(涡)"型,欧洲西部和乌拉尔山地区为"两脊",东欧和西西伯利亚为"两槽(涡)",乌拉尔山高压脊东南衰退推动低涡逆时针旋转东移南下(图3.1c)。

(2)影响系统:200 hPa西北急流,500 hPa西西伯利亚低压槽,850～700 hPa气旋式辐合中心、切变线,地面冷高压、冷锋。

3.1.3.2 特征量

(1)200 hPa:偏西北急流位于里海地区南部,中心风速达66 m/s。

(2)500 hPa:低涡中心(536 dagpm)位于西西伯利亚,低压槽 556 dagpm 等高线南压至 40°N 以南,槽前最大西南风 18 m/s,位于(75°E,48°N)附近,低涡配合有－32 ℃低温中心,－20 ℃ 等温线压至中亚南部。

(3)700 hPa:中亚北部存在低涡和≥12 m/s 的偏西南气流(图 3.1e)。

(4)850 hPa:中亚北部存在低涡和≥8 m/s 的偏西南气流(图 3.1f)。

(5)海平面气压:乌拉尔山冷高压东移南下,中心强度为 1035.0 hPa(14 日),位于(60°E,50°N)附近,暴雪出现在冷高压外围,冷锋造成中亚中南部暴雪(图 3.1d)。

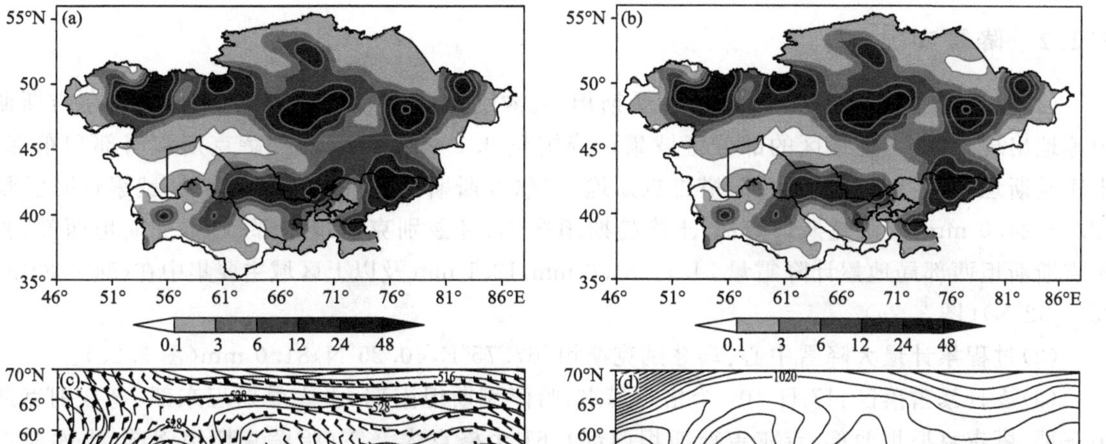

图 3.1 (a) 1995 年 1 月 13—14 日中亚地区累计降雪量(单位:mm);(b) 1 月 13 日(最强降雪日)降雪量(单位:mm);(c) 1 月 13 日 00 时 500 hPa 高度场(实线,单位:dagpm)、风场(风羽)和温度场(虚线,单位:℃);(d) 1 月 13 日 12 时海平面气压场(实线,单位:hPa);(e) 1 月 13 日 06 时 700 hPa 风场(风羽)和温度场(虚线,单位:℃);(f) 1 月 13 日 00 时 850 hPa 风场(风羽)和温度场(虚线,单位:℃)

3.2 2017 年 2 月 17—19 日暴雪过程

3.2.1 过程特征

(1)过程强度:特强。

(2)暴雪类型:冷锋型。

(3)暴雪落区:中亚南部和东部暴雪、局地大暴雪。

3.2.2 降雪实况

(1)累计降雪量:哈萨克斯坦、土库曼斯坦、乌兹别克斯坦中东部、塔吉克斯坦、吉尔吉斯斯坦等地出现降雪,上述地区的部分区域累计降雪量 3.1～12.0 mm,哈萨克斯坦南部和东部、土库曼斯坦、乌兹别克斯坦东部、塔吉克斯坦、吉尔吉斯斯坦西部等地的局部区域累计降雪量 12.1～24.0 mm,哈萨克斯坦南部、土库曼斯坦东部、乌兹别克斯坦东部、塔吉克斯坦西部、吉尔吉斯斯坦西部局地累计降雪量 24.1～81.0 mm,12.1 mm 及以上区域主要集中在(54°—83°E,35°—52°N)(图 3.2a)。

(2)过程累计最大降雪中心:乌兹别克斯坦(67.75°E,40.25°N)81.0 mm(图 3.2a)。

(3)逐日暴雪落区:17 日 104 个格点暴雪(哈萨克斯坦南部、土库曼斯坦东部、乌兹别克斯坦东部、塔吉克斯坦西部、吉尔吉斯斯坦西部)、61 个格点大暴雪(哈萨克斯坦南部、土库曼斯坦东部、乌兹别克斯坦东部、塔吉克斯坦西部);18 日 127 个格点暴雪(哈萨克斯坦南部、土库曼斯坦东部、乌兹别克斯坦东部、塔吉克斯坦西部)、79 个格点大暴雪(土库曼斯坦东部、乌兹别克斯坦东部、塔吉克斯坦西部);19 日 7 个格点暴雪(塔吉克斯坦西部)。共 238 个格点暴雪、140 个格点大暴雪。

(4)日最大暴雪中心:土库曼斯坦(62.25°E,35.75°N)18 日 43.3 mm,属大暴雪(图 3.2b)。

3.2.3 环流形势及特征量

3.2.3.1 环流形势

(1)500 hPa 环流:“两脊两槽”型,阿拉伯半岛至黑海和中国新疆地区为高压脊区,地中海北部和中亚至伊朗为低压槽活动区,上游高压脊东南落,推动中亚低压槽减弱并东移北上影响中亚地区(图 3.2c)。

(2)影响系统:200 hPa 西南急流,500 hPa 中亚低压槽,850～700 hPa 切变线(气旋式辐合中心)、西南急流,地面冷高压、冷锋。

3.2.3.2 特征量

(1)200 hPa:偏西南急流位于里海地区南部,中心风速达 68 m/s。

(2)500 hPa:低压槽 560 dagpm 等高线南压至 25°N 以南,槽前最大西南风 36 m/s,位于(60°E,32°N)附近,低压槽配合有－36 ℃低温中心,－24 ℃等温线压至中亚西南部,等温线密集,有明显冷平流。

(3)700 hPa:咸海至伊朗存在西北风和西南风的冷式切变线,出现≥28 m/s 的西南急流

(图 3.2e)。

(4)850 hPa:咸海东部至伊朗地区存在气旋式辐合中心,中亚南部出现≥20 m/s 的西南急流(图 3.2f)。

(5)海平面气压:冷高压以偏西路径移动,在东移过程中不断增强,中心强度为 1040.0 hPa,位于(45°E,40°N)附近,东西压差大,冷高压和中国南疆盆地暖低压形成 30.0 hPa 左右的气压差,强冷锋造成中亚大范围暴雪(图 3.2d)。

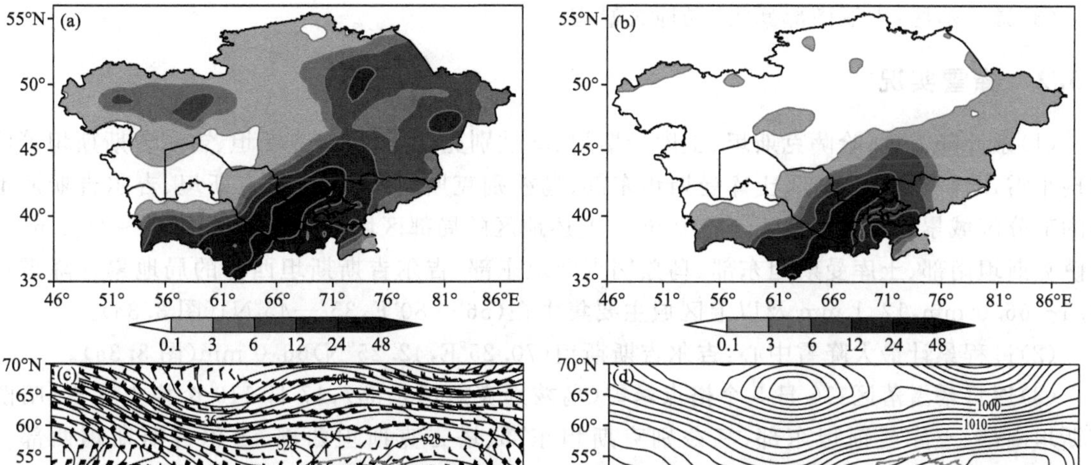

图 3.2　(a) 2017 年 2 月 17—19 日中亚地区累计降雪量(单位:mm);(b) 2 月 18 日(最强降雪日)降雪量(单位:mm);(c) 2 月 18 日 12 时 500 hPa 高度场(实线,单位:dagpm)、风场(风羽)和温度场(虚线,单位:℃);(d) 2 月 18 日 06 时海平面气压场(实线,单位:hPa);(e) 2 月 18 日 00 时 700 hPa 风场(风羽)和温度场(虚线,单位:℃);(f) 2 月 18 日 00 时 850 hPa 风场(风羽)和温度场(虚线,单位:℃)

3.3 2004 年 12 月 16—19 日暴雪过程

3.3.1 过程特征

(1)过程强度:特强。

(2)暴雪类型:冷锋型。

(3)暴雪落区:中亚南部暴雪、局地大暴雪。

3.3.2 降雪实况

(1)累计降雪量:哈萨克斯坦、土库曼斯坦、乌兹别克斯坦、塔吉克斯坦、吉尔吉斯斯坦等地出现小雪,哈萨克斯坦南部、土库曼斯坦东部、乌兹别克斯坦东部、塔吉克斯坦、吉尔吉斯斯坦等的部分区域累计降雪量 3.1～12.0 mm,上述地区的局部区域累计降雪量 12.1～24.0 mm,哈萨克斯坦南部、土库曼斯坦东部、乌兹别克斯坦东部、吉尔吉斯斯坦西部的局地累计降雪量 24.1～66.0 mm,12.1 mm 及以上区域主要集中在(56°—80°E,35°—45°N)(图 3.3a)。

(2)过程累计最大降雪中心:吉尔吉斯斯坦(70.25°E,42.25°N)66.0 mm(图 3.3a)。

(3)逐日暴雪落区:16 日 5 个格点暴雪(乌兹别克斯坦东部);17 日 119 个格点暴雪(哈萨克斯坦南部、土库曼斯坦东部、乌兹别克斯坦东部、塔吉克斯坦西部、吉尔吉斯斯坦西部)、14 个格点大暴雪(哈萨克斯坦南部、土库曼斯坦东部、乌兹别克斯坦东部);18 日 159 个格点暴雪(哈萨克斯坦南部、土库曼斯坦东部、乌兹别克斯坦东部、塔吉克斯坦、吉尔吉斯斯坦西部)、8 个格点大暴雪(哈萨克斯坦南部、塔吉克斯坦);19 日 1 个格点暴雪(塔吉克斯坦)。共 284 个格点暴雪、22 个格点大暴雪。

(4)日最大暴雪中心:塔吉克斯坦(69.75°E,38.75°N)18 日 28.7 mm,属大暴雪(图 3.3b)。

3.3.3 环流形势及特征量

3.3.3.1 环流形势

(1)500 hPa 环流:“两脊一槽(涡)”型,欧洲东部和中国新疆地区为“两脊”,西西伯利亚至里海以南为低涡低压槽区,上游欧洲高压脊东南衰退,推动低涡低压槽主体东移北上,中亚地区受槽前强西南气流影响,出现暴雪天气(图 3.3c)。

(2)影响系统:200 hPa 西南急流,500 hPa 低涡低压槽,850～700 hPa 低涡、切变线、西南低空急流,地面冷高压、冷锋。

3.3.3.2 特征量

(1)200 hPa:西南急流轴穿过中亚地区,中心风速达 74 m/s。

(2)500 hPa:低涡中心(528 dagpm)位于里海地区以北,低压槽 576 dagpm 等高线南压至 25°N 以南,槽前最大西南风 40 m/s,位于(50°E,28°N)附近,低涡配合有 −32 ℃低温中心,−28 ℃等温线压至中亚地区。

(3)700 hPa:中亚北部存在低涡和≥20 m/s 的偏西南急流(图 3.3e)。

(4)850 hPa:中亚北部存在低涡,低涡底部至咸海南部等温线密集,锋区强盛,维持西北风和偏西风切变线；中亚西南部有偏西、西北风和西南风切变线，有≥16 m/s 的西南急流（图 3.3f）。

（5）海平面气压：冷高压以偏西路径移动，东移过程中有所加强，中心强度为 1035.0 hPa，位于（45°E，40°N）附近，冷高压西南部强冷锋造成中亚暴雪（图 3.3d）。

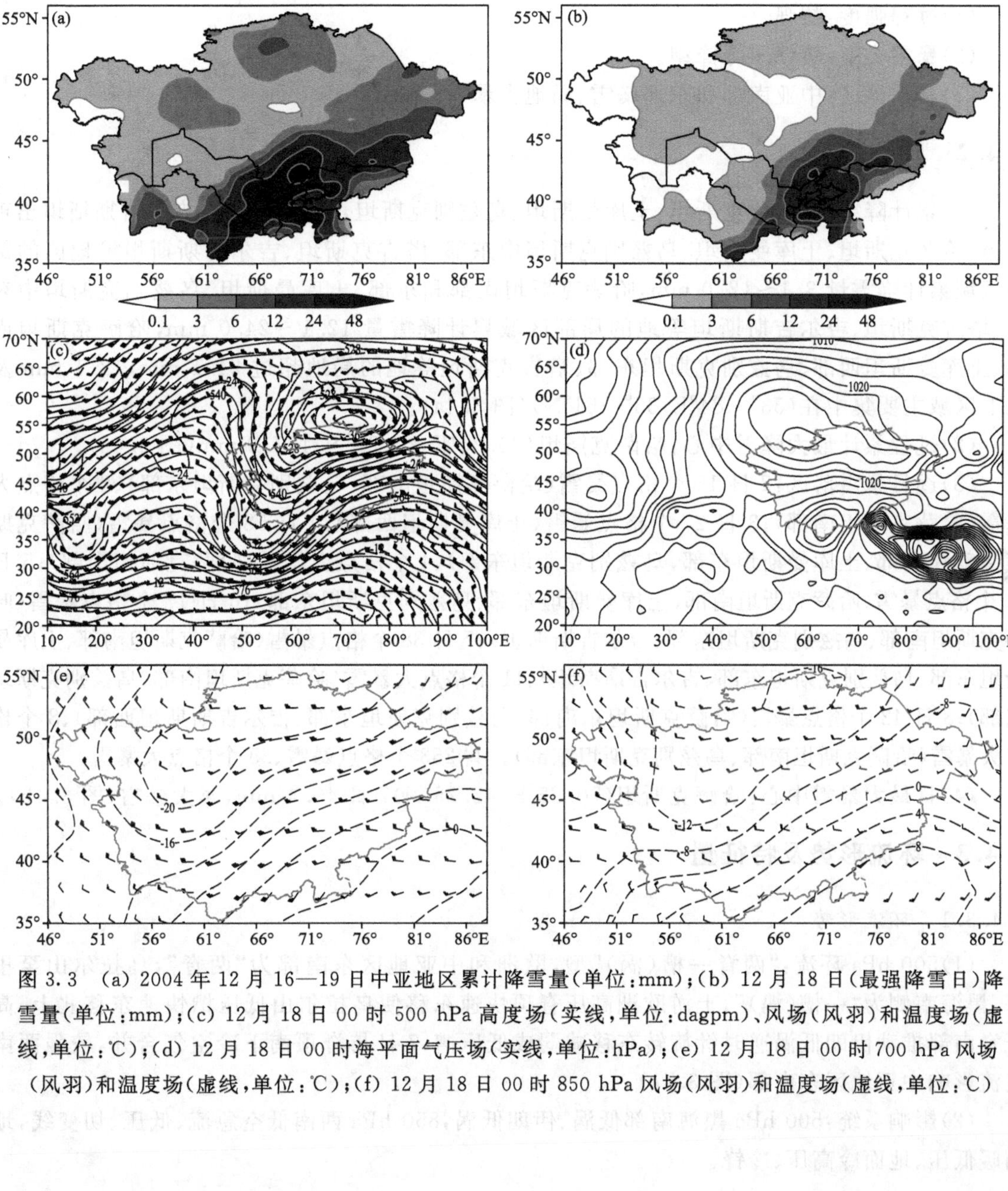

图 3.3　(a) 2004 年 12 月 16—19 日中亚地区累计降雪量（单位：mm）；(b) 12 月 18 日（最强降雪日）降雪量（单位：mm）；(c) 12 月 18 日 00 时 500 hPa 高度场（实线，单位：dagpm）、风场（风羽）和温度场（虚线，单位：℃）；(d) 12 月 18 日 00 时海平面气压场（实线，单位：hPa）；(e) 12 月 18 日 00 时 700 hPa 风场（风羽）和温度场（虚线，单位：℃）；(f) 12 月 18 日 00 时 850 hPa 风场（风羽）和温度场（虚线，单位：℃）

3.4 1993年2月2—8日暴雪过程

3.4.1 过程特征

(1)过程强度:特强。

(2)暴雪类型:暖锋+冷锋型。

(3)暴雪落区:中亚南部和东部暴雪、局地大暴雪。

3.4.2 降雪实况

(1)累计降雪量:哈萨克斯坦、土库曼斯坦、乌兹别克斯坦、塔吉克斯坦、吉尔吉斯斯坦出现降雪,哈萨克斯坦、土库曼斯坦、乌兹别克斯坦中东部、塔吉克斯坦、吉尔吉斯斯坦等地区的部分区域累计降雪量3.1～12.0 mm,哈萨克斯坦南部和东部、土库曼斯坦、乌兹别克斯坦中东部、塔吉克斯坦、吉尔吉斯斯坦等地的局部区域累计降雪量12.1～24.0 mm,哈萨克斯坦南部、土库曼斯坦西部、乌兹别克斯坦东部、塔吉克斯坦等地的局地超过24.1 mm,12.1 mm及以上区域主要集中在(53°—84°E,35°—51°N)(图3.4a)。

(2)过程累计最大降雪中心:哈萨克斯坦(70.25°E,42.25°N)127.0 mm(图3.4a)。

(3)逐日暴雪落区:2日10个格点暴雪(哈萨克斯坦南部、乌兹别克斯坦东部)、2个格点大暴雪(哈萨克斯坦南部);3日27个格点暴雪(土库曼斯坦西部);4日58个格点暴雪(哈萨克斯坦南部和东部、土库曼斯坦东部、乌兹别克斯坦东部)、4个格点大暴雪(哈萨克斯坦南部);5日61个格点暴雪(哈萨克斯坦南部、土库曼斯坦东部、乌兹别克斯坦东部);6日17个格点暴雪(哈萨克斯坦南部、乌兹别克斯坦东部、吉尔吉斯斯坦);7日38个格点暴雪(哈萨克斯坦南部、土库曼斯坦东部、乌兹别克斯坦东部、吉尔吉斯斯坦)、11个格点大暴雪(哈萨克斯坦南部、乌兹别克斯坦东部);8日42个格点暴雪(哈萨克斯坦东南部、乌兹别克斯坦东部、吉尔吉斯斯坦西部)、8个格点大暴雪(哈萨克斯坦南部、乌兹别克斯坦东部)。共253个格点暴雪、25个格点大暴雪。

(4)日最大暴雪中心:哈萨克斯坦(70.25°E,42.25°N)7日40.4 mm,属大暴雪(图3.4b)。

3.4.3 环流形势及特征量

3.4.3.1 环流形势

(1)500 hPa环流:"两脊一槽(涡)"型,欧洲和中亚地区东南部为"两脊",乌拉尔山至里海、黑海南侧为"一槽(涡)",上游欧洲高压脊顶快速东移使乌拉尔山低压槽快速东移北上,高压脊南部推动伊朗低涡逆时针旋转东移减弱成低压槽,7日与脊顶南下冷空气合并,较强西南气流影响中亚地区东南部(图3.4c)。

(2)影响系统:500 hPa黑海南部低涡、伊朗低涡,850 hPa西南低空急流、低压、切变线,地面暖低压、地面冷高压、冷锋。

3.4.3.2 特征量

(1)200 hPa:急流为两支,分别为里海、咸海北部中心风速46 m/s的偏西急流和里海南部中心风速72 m/s的西南急流,并于7日在巴尔喀什湖附近汇合加强。

(2)500 hPa:低涡中心(540 dagpm)位于黑海地区南侧,低压槽 584 dagpm 等高线南压至 20°N 以南,槽前最大西南风 46 m/s,位于(51°E,26°N)附近,低涡配合有－32 ℃低温中心,－20 ℃等温线压至中亚西南部。

(3)700 hPa:中亚南部存在≥16 m/s 的偏南急流(图 3.4e)。

(4)850 hPa:中亚西南部低压中心减弱东移北上,前部为≥18 m/s 的偏南急流,存在气旋式切变(图 3.4f)。

(5)海平面气压:2 日阿拉伯半岛低压向东北方向发展形成低压带,暖低压东移北上,地面暖低压中心强度为 1012.5 hPa,与位于中国青藏高原的 1055.0 hPa 冷高压后部之间形成较强气压差,暖锋造成第一阶段中亚南部暴雪。5 日黑海南部冷高压不断东扩分裂出小高压,中心强度达 1027.5 hPa,冷高压前部冷锋不断东移进入中亚地区,造成第二阶段中亚东南部暴雪(图 3.4d)。

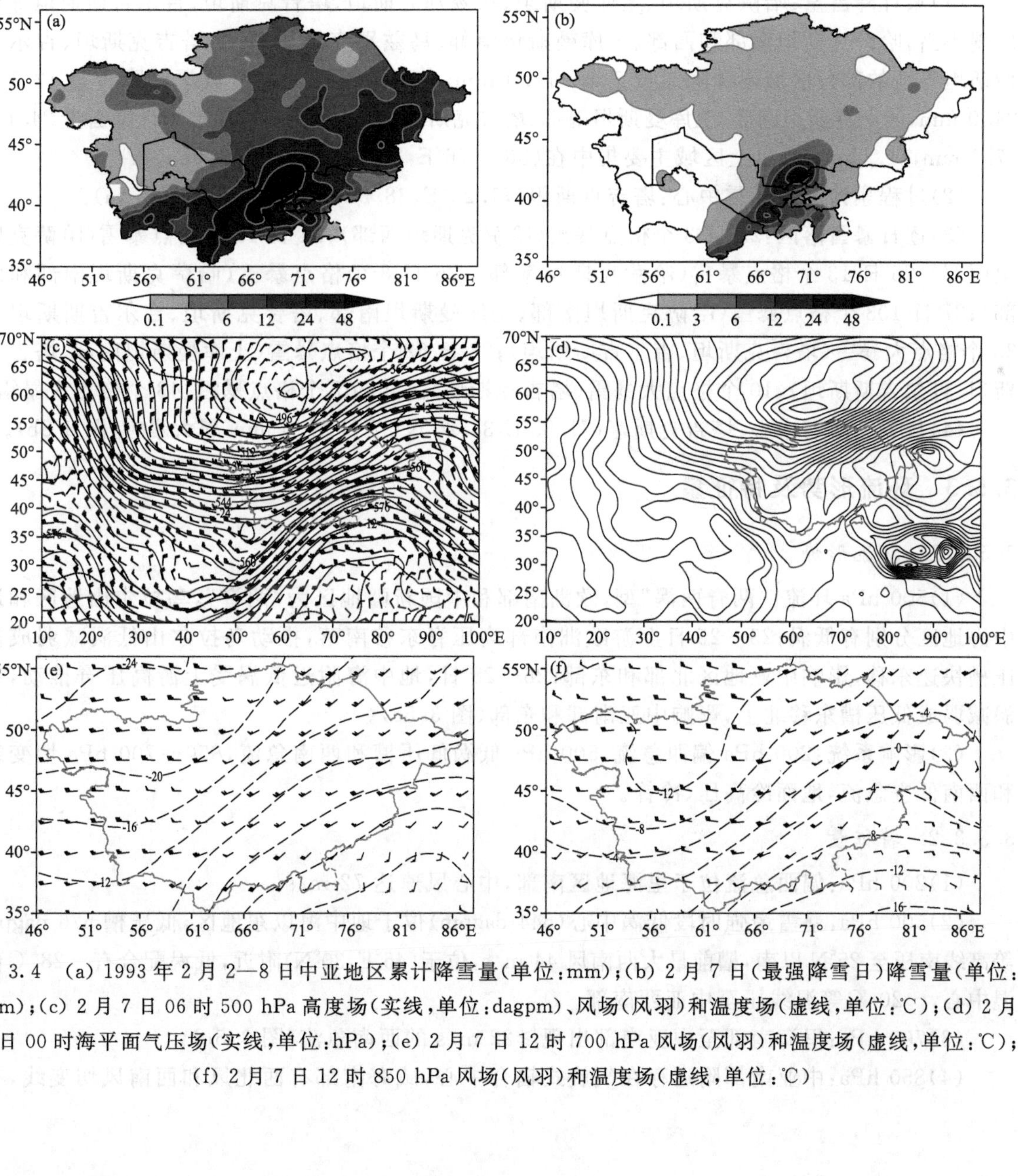

图 3.4　(a) 1993 年 2 月 2—8 日中亚地区累计降雪量(单位:mm);(b) 2 月 7 日(最强降雪日)降雪量(单位:mm);(c) 2 月 7 日 06 时 500 hPa 高度场(实线,单位:dagpm)、风场(风羽)和温度场(虚线,单位:℃);(d) 2 月 7 日 00 时海平面气压场(实线,单位:hPa);(e) 2 月 7 日 12 时 700 hPa 风场(风羽)和温度场(虚线,单位:℃);(f) 2 月 7 日 12 时 850 hPa 风场(风羽)和温度场(虚线,单位:℃)

3.5　2006 年 1 月 23—28 日暴雪过程

3.5.1　过程特征

(1)过程强度:特强。

(2)暴雪类型:冷锋型。

(3)暴雪落区:中亚南部暴雪、局地大暴雪。

3.5.2　降雪实况

(1)累计降雪量:哈萨克斯坦、土库曼斯坦、乌兹别克斯坦、塔吉克斯坦、吉尔吉斯斯坦等地出现小雪,哈萨克斯坦南部和西部、土库曼斯坦南部、乌兹别克斯坦东部、塔吉克斯坦、吉尔吉斯斯坦等地的部分区域累计降雪量 3.1～12.0 mm,上述地区的局部区域累计降雪量 12.1～24.0 mm,哈萨克斯坦南部、土库曼斯坦南部、塔吉克斯坦、吉尔吉斯斯坦局地累计降雪量 24.1～57.0 mm,12.1 mm 及以上区域主要集中在(56°—76°E,35°—44°N)(图 3.5a)。

(2)过程累计最大降雪中心:塔吉克斯坦(71.25°E,38.25°N)57.0 mm(图 3.5a)。

(3)逐日暴雪落区:23 日 3 个格点暴雪(哈萨克斯坦西部);24 日 18 个格点暴雪(哈萨克斯坦西部);25 日 13 个格点暴雪(哈萨克斯坦南部);26 日 8 个格点暴雪(哈萨克斯坦南部和西部);27 日 103 个格点暴雪(哈萨克斯坦南部、土库曼斯坦南部、塔吉克斯坦、吉尔吉斯斯坦),33 个格点大暴雪(塔吉克斯坦、吉尔吉斯斯坦);28 日 62 个格点暴雪(土库曼斯坦南部、塔吉克斯坦、吉尔吉斯斯坦)、10 个格点大暴雪(塔吉克斯坦)。共 207 个格点暴雪、43 个格点大暴雪。

(4)日最大暴雪中心:塔吉克斯坦(71.25°E,38.25°N)27 日 37.5 mm,属大暴雪(图 3.5b)。

3.5.3　环流形势及特征量

3.5.3.1　环流形势

(1)500 hPa 环流:“两脊两涡”型,欧洲南部和中国新疆地区为“两脊”,乌拉尔山地区和地中海地区分别有低涡;23—25 日上游欧洲南部高压脊东移南落,推动乌拉尔山低涡减弱成低压槽快速东移,影响中亚地区北部和东部;26—28 日,地中海附近低涡受上游高压脊推动,低涡减弱成低压槽东移北上,影响中亚南部和东部(图 3.5c)。

(2)影响系统:200 hPa 偏西急流,500 hPa 低涡低压槽和西南急流,850～700 hPa 切变线和西南低空急流,地面冷高压、冷锋。

3.5.3.2　特征量

(1)200 hPa:偏西急流位于里海地区南部,中心风速达 72 m/s。

(2)500 hPa:暴雪最强时段低涡中心(544 dagpm)位于地中海以东地区,低压槽 576 dagpm 等高线南压至 25°N 以南,槽前最大西南风 44 m/s,位于(45°E,30°N)附近,低涡配合有－28 ℃低温中心,－20 ℃等温线压至中亚西南部。

(3)700 hPa:里海南部至中亚南部出现≥22 m/s 的西南急流(图 3.5e)。

(4)850 hPa:中亚南部附近存在气旋式辐合中心,咸海南部有西北风和西南风切变线,有

≥16 m/s 西南急流(图 3.5f)。

(5)海平面气压:23—25 日,中亚南部强冷高压中心强度为 1045.0 hPa,冷高压在东移南压过程中中心强度有所减弱,为 1035.0 hPa,但是强冷高压中心范围南压扩大,呈东西向,在冷高压东移南压过程中南部和东南部强冷锋造成中亚地区的断续暴雪(图 3.5d)。

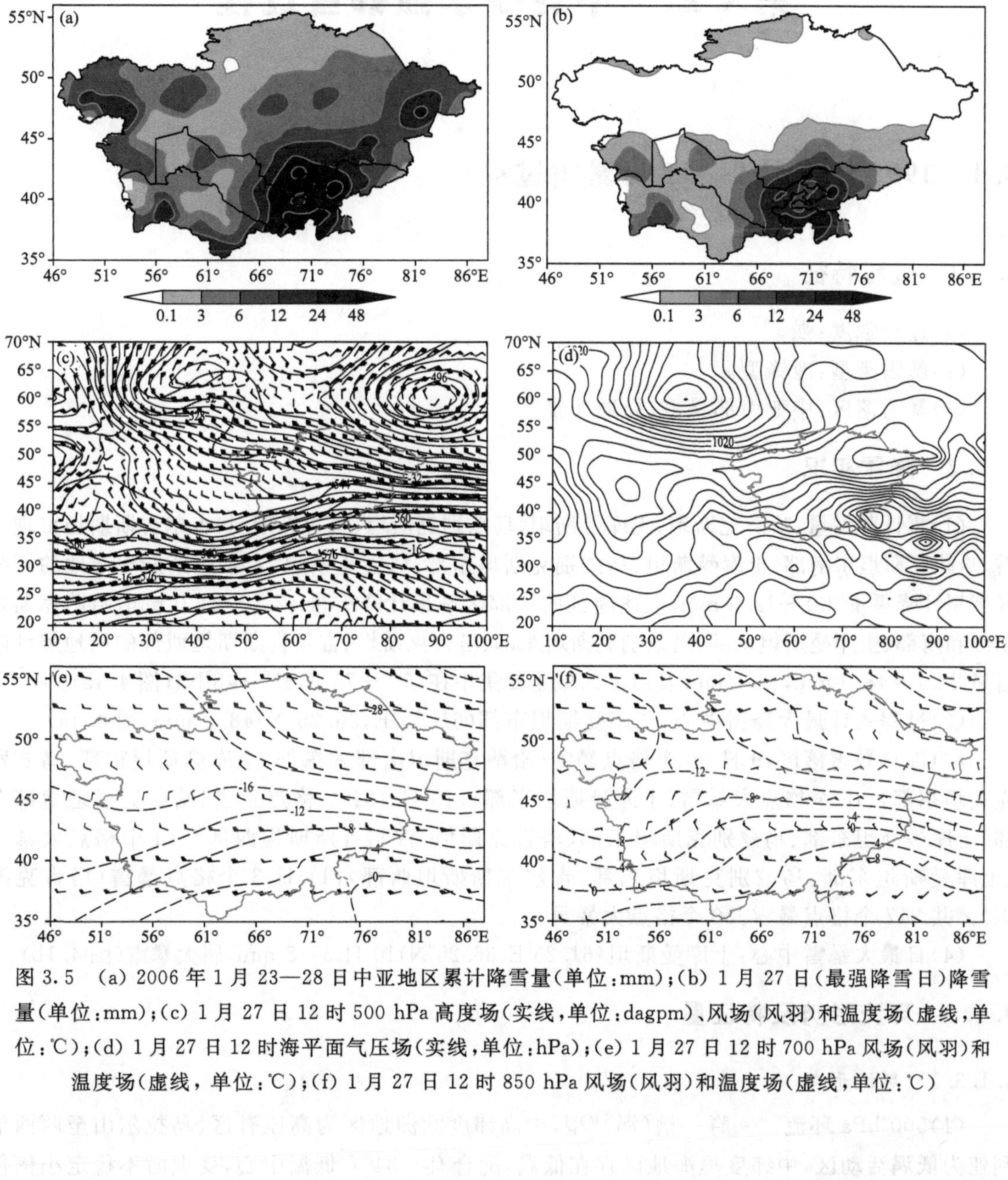

图 3.5　(a) 2006 年 1 月 23—28 日中亚地区累计降雪量(单位:mm);(b) 1 月 27 日(最强降雪日)降雪量(单位:mm);(c) 1 月 27 日 12 时 500 hPa 高度场(实线,单位:dagpm)、风场(风羽)和温度场(虚线,单位:℃);(d) 1 月 27 日 12 时海平面气压场(实线,单位:hPa);(e) 1 月 27 日 12 时 700 hPa 风场(风羽)和温度场(虚线,单位:℃);(f) 1 月 27 日 12 时 850 hPa 风场(风羽)和温度场(虚线,单位:℃)

第 4 章　中亚冬季强暴雪过程

4.1　1998 年 2 月 9—11 日暴雪过程

4.1.1　过程特征

(1)过程强度:强。

(2)暴雪类型:冷锋型。

(3)暴雪落区:中亚南部暴雪、局地大暴雪。

4.1.2　降雪实况

(1)累计降雪量:哈萨克斯坦、土库曼斯坦、乌兹别克斯坦、塔吉克斯坦、吉尔吉斯斯坦出现降雪,哈萨克斯坦东南部、土库曼斯坦、乌兹别克斯坦东部、塔吉克斯坦、吉尔吉斯斯坦等地的部分区域累计降雪量 3.1～12.0 mm,上述地区的局部区域累计降雪量 12.1～24.0 mm,哈萨克斯坦东部和南部、土库曼斯坦东部、乌兹别克斯坦东部、塔吉克斯坦、吉尔吉斯斯坦西部的局地累计降雪量 24.1～48.0 mm,12.1 mm 及以上区域主要集中在(59°—75°E,35°—43°N)(图 4.1a)。

(2)过程累计最大降雪中心:土库曼斯坦东部(61.25°E,36.25°N)48.0 mm(图 4.1a)

(3)逐日暴雪落区:9 日 80 个格点暴雪(哈萨克斯坦南部和东部、土库曼斯坦东部、乌兹别克斯坦东部)、16 个格点大暴雪(土库曼斯坦东部);10 日 134 个格点暴雪(哈萨克斯坦南部东部、土库曼斯坦东部、乌兹别克斯坦东部、塔吉克斯坦、吉尔吉斯斯坦西部)、14 个格点大暴雪(土库曼斯坦东部、乌兹别克斯坦东部、吉尔吉斯斯坦西部);11 日 3 个格点暴雪(塔吉克斯坦)。共 217 个格点暴雪,30 个格点大暴雪。

(4)日最大暴雪中心:土库曼斯坦(61.25°E,36.25°N)10 日 37.5 mm,属大暴雪(图 4.1b)。

4.1.3　环流形势及特征量

4.1.3.1　环流形势

(1)500 hPa 环流:“一脊一槽(涡)”型,中高纬度欧洲地区为高压脊区、乌拉尔山至西西伯利亚为低涡活动区,中纬度里海地区存在低涡,配合有－34 ℃低温中心,受上游不稳定小槽侵袭,欧洲高压脊向东南衰退,推动里海低涡减弱东移,造成中亚南部暴雪天气(图 4.1c)。

(2)影响系统:200 hPa 高空西南急流,500 hPa 里海低涡,850～700 hPa 西南低空急流、切变线,地面冷高压、冷锋。

4.1.3.2　特征量

(1)200 hPa:西南急流位于里海、黑海地区南部,中心风速达 64 m/s(中亚地区达 50 m/s)。

(2)500 hPa:低涡中心(528 dagpm)位于里海地区,低压槽 552 dagpm 等高线南压至 30°N 以南,槽前最大西南风 40 m/s,位于(55°E,38°N)附近,低涡配合有－34 ℃低温中心,－20 ℃等温线压至中亚南部。

(3)700 hPa:存在西北风和西南风的冷式切变线,西南风≥30 m/s,温度场配合有－20 ℃低温中心,低温槽随切变线东移南压影响中亚地区(图 4.1e)。

(4)850 hPa:哈萨克斯坦至里海地区存在偏北风(12 m/s)与偏西风(14 m/s)的冷式切变线,配合有－12 ℃的低温槽迅速南压,中亚地区等温线密集,温度梯度增大,且强偏西风与等

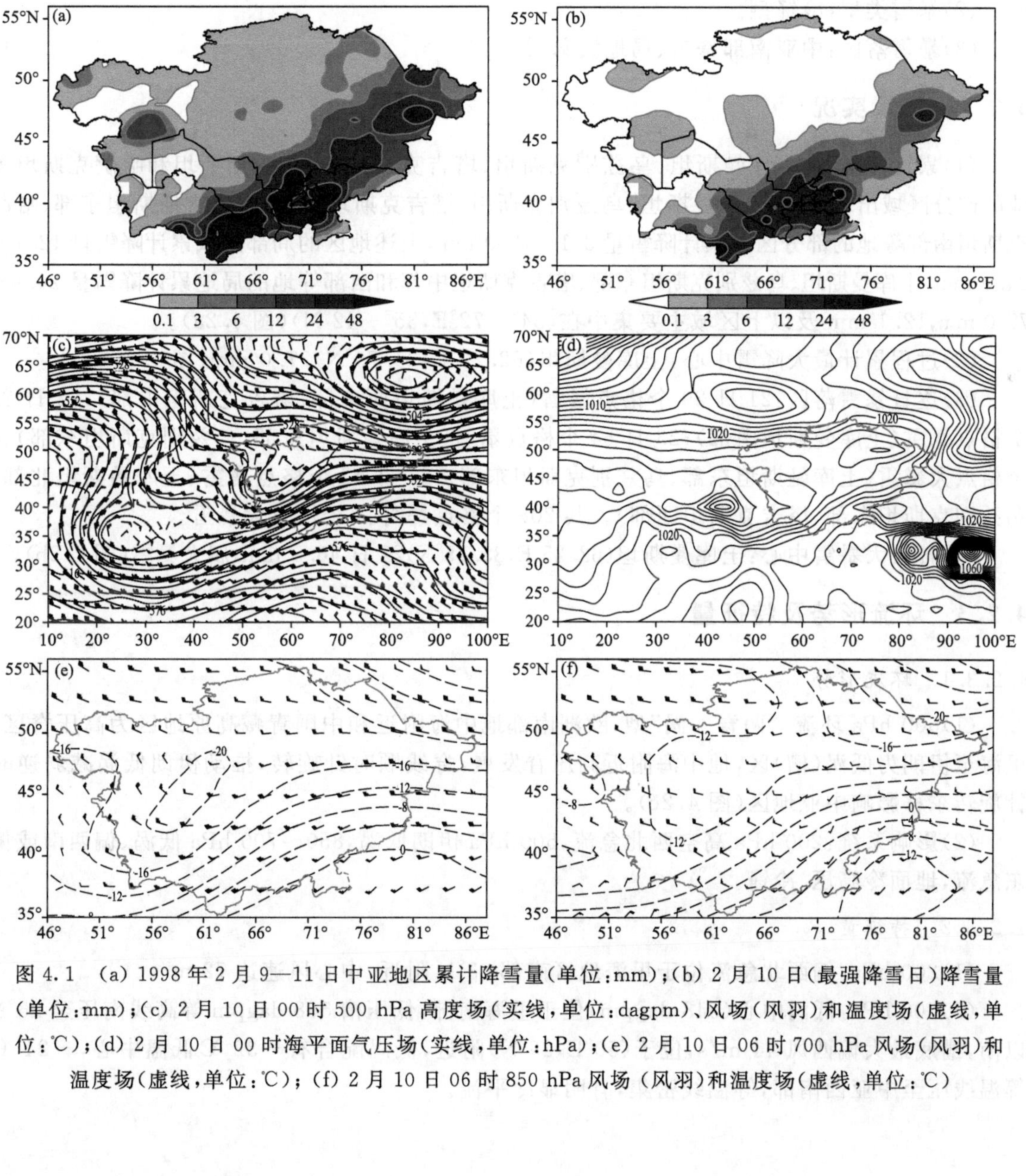

图 4.1　(a) 1998 年 2 月 9—11 日中亚地区累计降雪量(单位:mm);(b) 2 月 10 日(最强降雪日)降雪量(单位:mm);(c) 2 月 10 日 00 时 500 hPa 高度场(实线,单位:dagpm)、风场(风羽)和温度场(虚线,单位:℃);(d) 2 月 10 日 00 时海平面气压场(实线,单位:hPa);(e) 2 月 10 日 06 时 700 hPa 风场(风羽)和温度场(虚线,单位:℃);(f) 2 月 10 日 06 时 850 hPa 风场(风羽)和温度场(虚线,单位:℃)

温线夹角较大,斜压性增强,有利于冷锋锋生产生降雪(图 4.1f)。

(5)海平面气压:冷高压以偏西路径移动,在东移过程中发展加强,10 日冷高压东移至里海、黑海地区(45°E,40°N)附近,中心强度为 1042.5 hPa,与中国南疆盆地暖低压形成 30.0 hPa 气压差,冷高压前沿等压线密集,气压梯度大,其东南部强冷锋东移造成中亚大范围暴雪(图 4.1d)。

4.2 2015 年 2 月 21—24 日暴雪过程

4.2.1 过程特征

(1)过程强度:强。

(2)暴雪类型:冷锋型。

(3)暴雪落区:中亚南部暴雪、局地大暴雪。

4.2.2 降雪实况

(1)累计降雪量:土库曼斯坦、乌兹别克斯坦、塔吉克斯坦、吉尔吉斯斯坦和哈萨克斯坦等地的部分区域出现降雪,土库曼斯坦、乌兹别克斯坦、塔吉克斯坦西部、吉尔吉斯斯坦东部、哈萨克斯坦南部等地的部分区域累计降雪量 3.1～12.0 mm,上述地区的局部区域累计降雪量 12.1～24.0 mm,土库曼斯坦、乌兹别克斯坦东部、塔吉克斯坦中部和西部等地的局地累计降雪量 24.1～77.0 mm,12.1 mm 及以上区域主要集中在(54°—72°E,35°—42°N)(图 4.2a)。

(2)过程累计最大降雪中心:土库曼斯坦(62.25°E,35.75°N)77.0 mm(图 4.2a)。

(3)逐日暴雪落区:21 日 29 个格点暴雪(土库曼斯坦西南部、塔吉克斯坦中部);22 日 83 个格点暴雪(土库曼斯坦南部);23 日 54 个格点暴雪(土库曼斯坦东部、乌兹别克斯坦东部)、4 个格点大暴雪(土库曼斯坦东部、乌兹别克斯坦东部);24 日 42 个格点暴雪(土库曼斯坦北部、乌兹别克斯坦东部、塔吉克斯坦西部)。共 208 个格点暴雪、4 个格点大暴雪。

(4)日最大暴雪中心:土库曼斯坦(62.25°E,35.75°N)22 日 46.5 mm,属大暴雪(图 4.2b)。

4.2.3 环流形势及特征量

4.2.3.1 环流形势

(1)500 hPa 环流:“两脊一涡”型,欧洲南部地中海附近和中国青藏高原地区为高压脊区,里海至伊朗为低涡(槽)区,地中海附近高压脊发展,脊线顺时针旋转,推动伊朗低涡减弱逆时针旋转东移影响中亚地区(图 4.2c)。

(2)影响系统:200 hPa 高空西北急流,500 hPa 伊朗低涡,850～700 hPa 低涡、偏西南或偏东急流,地面冷高压、冷锋。

4.2.3.2 特征量

(1)200 hPa:偏西北急流位于里海地区南部 33°N 附近,中心风速达 72 m/s。

(2)500 hPa:低涡中心(548 dagpm)位于里海南部,低压槽 568 dagpm 等高线南压至 25°N 以南,槽底最大偏西风 44 m/s,位于(50°E,25°N)附近,低涡配合有－32 ℃低温中心,－24 ℃等温线压至中亚西南部,等温线密集,有明显冷平流。

(3)700 hPa：中亚西南部存在低涡和≥30 m/s 的偏西南急流(图 4.2e)。

(4)850 hPa：咸海南部存在低涡，中亚西部 45°N 附近出现≥12 m/s 的偏东急流(图 4.2f)。

(5)海平面气压：冷高压以偏西路径移动，在东移过程中与东部冷高压合并加强，地面冷高压中心强度为 1030.0 hPa，位于(50°E，45°N)附近，南北压差大，冷高压和中亚南部暖低压形成 20.0 hPa 左右的气压差，强冷锋造成中亚南部大范围暴雪(图 4.2d)。

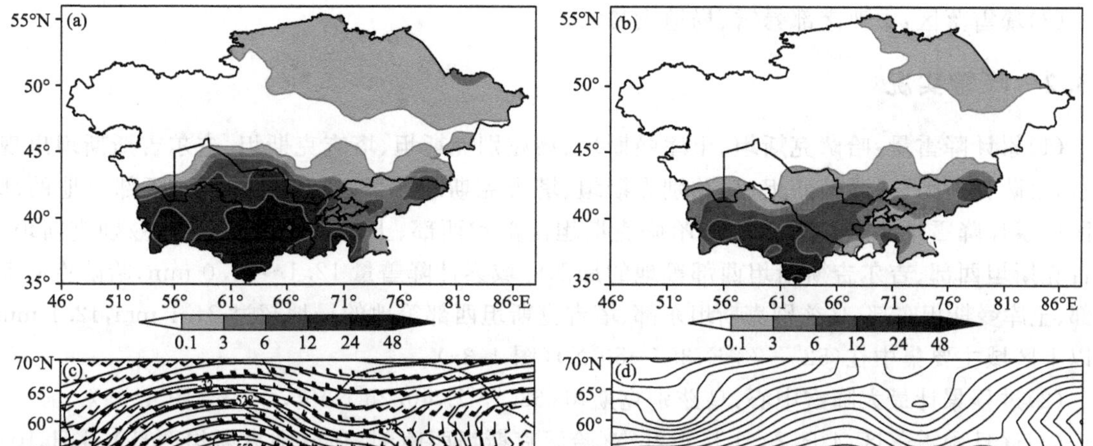

图 4.2　(a) 2015 年 2 月 21—24 日中亚地区累计降雪量(单位：mm)；(b) 2 月 22 日(最强降雪日)降雪量(单位：mm)；(c) 2 月 22 日 00 时 500 hPa 高度场(实线，单位：dagpm)、风场(风羽)和温度场(虚线，单位：℃)；(d) 2 月 22 日 06 时海平面气压场(实线，单位：hPa)；(e) 2 月 22 日 00 时 700 hPa 风场(风羽)和温度场(虚线，单位：℃)；(f) 2 月 22 日 06 时 850 hPa 风场(风羽)和温度场(虚线，单位：℃)

4.3 1994 年 12 月 4—6 日暴雪过程

4.3.1 过程特征

(1)过程强度:强。

(2)暴雪类型:暖锋型。

(3)暴雪落区:中亚南部暴雪、局地大暴雪。

4.3.2 降雪实况

(1)累计降雪量:哈萨克斯坦、土库曼斯坦、乌兹别克斯坦、塔吉克斯坦、吉尔吉斯斯坦出现降雪,哈萨克斯坦、土库曼斯坦、乌兹别克斯坦、塔吉克斯坦西部、吉尔吉斯斯坦西部等地的部分区域累计降雪量 3.1～12.0 mm,哈萨克斯坦南部和西部、土库曼斯坦东部、乌兹别克斯坦、塔吉克斯坦西部、吉尔吉斯斯坦西部等地的局部区域累计降雪量 12.1～24.0 mm,哈萨克斯坦南部、土库曼斯坦东部、乌兹别克斯坦东部、塔吉克斯坦西部等地的局地超过 24.1 mm,12.1 mm 及以上区域主要集中在(52°—78°E,35°—50°N)(图 4.3a)。

(2)过程累计最大降雪中心:乌兹别克斯坦(68.75°E,40.25°N)55.0 mm(图 4.3a)。

(3)逐日暴雪落区:4 日 24 个格点暴雪(哈萨克斯坦西南部、乌兹别克斯坦西部);5 日 104 个格点暴雪(哈萨克斯坦南部和西部、土库曼斯坦东部、乌兹别克斯坦东部、塔吉克斯坦西部、吉尔吉斯斯坦西部)、62 个格点大暴雪(哈萨克斯坦南部、土库曼斯坦东部、乌兹别克斯坦东部、塔吉克斯坦西部);6 日 7 个格点暴雪(哈萨克斯坦东南部)。共 135 个格点暴雪、62 个格点大暴雪。

(4)日最大暴雪中心:乌兹别克斯坦(67.75°E,40.25°N)5 日 42.0 mm,属大暴雪(图 4.3b)。

4.3.3 环流形势及特征量

4.3.3.1 环流形势

(1)500 hPa 环流:“两脊一槽(涡)”型,东欧和中国新疆为“两脊”,里海、黑海地区为“一槽(涡)”,上游东欧高压脊东南衰退,推动低涡东移南下的过程中减弱成低压槽,受低压槽前部西南急流影响,中亚自西向东出现暴雪(图 4.3c)。

(2)影响系统:200 hPa 高空西南急流,500 hPa 黑海低涡,850 hPa 西南低空急流、低压、切变线,地面暖低压、暖锋。

4.3.3.2 特征量

(1)200 hPa:西南急流位于中亚南部,中心风速达 76 m/s。

(2)500 hPa:低涡中心(528 dagpm)位于里海、黑海地区之间,低压槽 572 dagpm 等高线南压至 27°N 以南,槽前最大西南风 46 m/s,位于(52°E,30°N)附近,低涡配合有－40 ℃低温中心,－20 ℃等温线压至中亚南部。

(3)700 hPa:中亚南部存在低涡和≥28 m/s 的偏南急流(图 4.3e)。

(4)850 hPa:中亚为低压中心,随后快速减弱东移北上,前部为≥18 m/s 的偏南和偏西急流,存在气旋式切变(图 4.3f)。

(5)海平面气压:4 日中亚地区受低压控制,地面暖低压中心强度为 997.5 hPa,位于(60°E,45°N)附近,在北上过程中与中国西部 1055.0 hPa 冷高压之间形成 57.5 hPa 的强气压差,在中亚东部和南部存在明显暖锋,造成中亚南部暴雪(图 4.3d)。

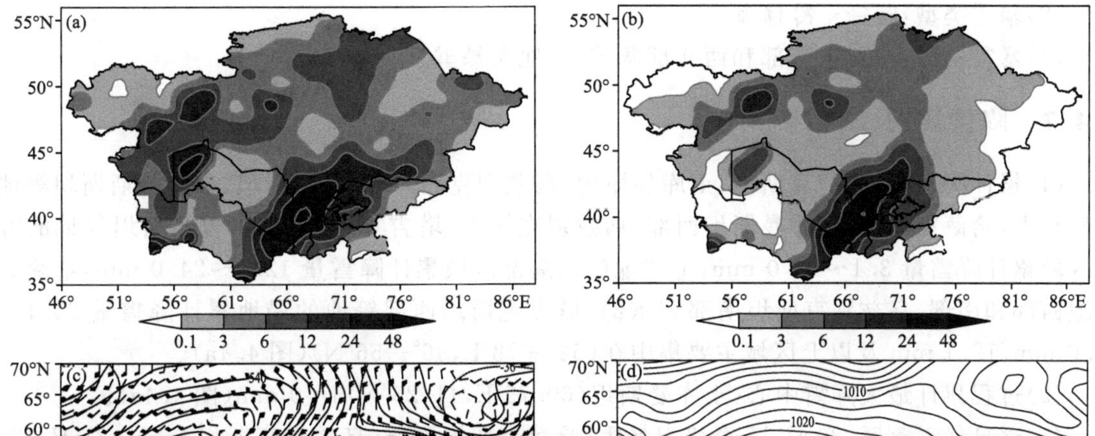

图 4.3　(a) 1994 年 12 月 4—6 日中亚地区累计降雪量(单位:mm);(b) 12 月 5 日(最强降雪日)降雪量(单位:mm);(c) 12 月 5 日 00 时 500 hPa 高度场(实线,单位:dagpm)、风场(风羽)和温度场(虚线,单位:℃);(d) 12 月 5 日 00 时海平面气压场(实线,单位:hPa);(e) 12 月 5 日 00 时 700 hPa 风场(风羽)和温度场(虚线,单位:℃);(f) 12 月 5 日 00 时 850 hPa 风场 (风羽)和温度场(虚线,单位:℃)

4.4　2008 年 2 月 20—22 日暴雪过程

4.4.1　过程特征

(1)过程强度:强。

(2)暴雪类型:暖锋＋冷锋型。

(3)暴雪落区:中亚东南部和西北部暴雪、局地大暴雪。

4.4.2　降雪实况

(1)累计降雪量:哈萨克斯坦、土库曼斯坦、乌兹别克斯坦、塔吉克斯坦、吉尔吉斯斯坦等地出现小雪,哈萨克斯坦、土库曼斯坦西部、乌兹别克斯坦、塔吉克斯坦、吉尔吉斯斯坦等地的部分区域累计降雪量 3.1～12.0 mm,上述地区的局部区域累计降雪量 12.1～24.0 mm,哈萨克斯坦西部和南部、乌兹别克斯坦南部和东部、塔吉克斯坦西部等地的局地累计降雪量 24.1～37.0 mm,12.1 mm 及以上区域主要集中在(52°—78°E,36°—56°N)(图 4.4a)。

(2)过程累计最大降雪中心:土库曼斯坦(60.75°E,41.25°N)37.0 mm(图 4.4a)。

(3)逐日暴雪落区:20 日 18 个格点暴雪(哈萨克斯坦西部、乌兹别克斯坦东部);21 日 128 个格点暴雪(哈萨克斯坦南部、乌兹别克斯坦东部、塔吉克斯坦、吉尔吉斯斯坦)、14 个格点大暴雪(塔吉克斯坦);22 日 24 个格点暴雪(土库曼斯坦北部、乌兹别克斯坦南部)。共 170 个格点暴雪、14 个格点大暴雪。

(4)日最大暴雪中心:塔吉克斯坦(69.75°E,38.75°N)21 日 33.8 mm,属大暴雪(图 4.4b)。

4.4.3　环流形势及特征量

4.4.3.1　环流形势

(1)500 hPa 环流:“两脊一槽”型,欧洲南部和中国新疆地区为“两脊”,乌拉尔山至中亚为宽广的低压槽活动区,上游欧洲南部高压脊发展衰退,推动低压槽东移,受下游高压脊阻挡北上,移速变慢,造成中亚地区暴雪(图 4.4c)。

(2)影响系统:200 hPa 偏西急流,500 hPa 低涡低压槽和西南急流,850～700 hPa 低涡、偏西和西南低空急流,地面暖低压、暖锋、地面冷高压、冷锋。

4.4.3.2　特征量

(1)200 hPa:西南急流位于里海地区,中心风速达 80 m/s。

(2)500 hPa:低压槽位于里海地区以南,576 dagpm 等高线南压至 30°N 以南,槽前最大西南风40 m/s,位于(55°E,35°N)附近,低压槽配合有－32 ℃低温中心,－28 ℃等温线压至中亚北部。

(3)700 hPa:中亚存在低涡,咸海至伊朗平原有西北风和西南风切变线,出现≥26 m/s 的西北急流和≥34 m/s 的西南急流(图 4.4e)。

(4)850 hPa:中亚北部存在低涡,低涡底部咸海附近有西北风和西南风切变线,出现≥26 m/s 的西北急流和≥32 m/s 的西南急流;伊朗高原西部有西北风和西南风切变线,有≥14 m/s 的西北急流和≥16 m/s 的西南急流(图 4.4f)。

(5)海平面气压:20 日里海、咸海至中亚地区受地面 995.0 hPa 暖低压控制,地中海至阿拉伯海为中心强度 1030.0 hPa 冷高压,随着冷高压东移北扩,暖低压东移,与中国青藏高原高压(中心为 1020.0 hPa)形成暖锋,造成暖锋暴雪;21 日冷高压沿着偏西路径移到伊朗高原,高压中心强度增强为 1035.0 hPa,高压前沿与帕米尔高原 1010.0 hPa 低压在中亚南部形成强冷锋,强冷锋造成中亚大范围暴雪(图 4.4d)。

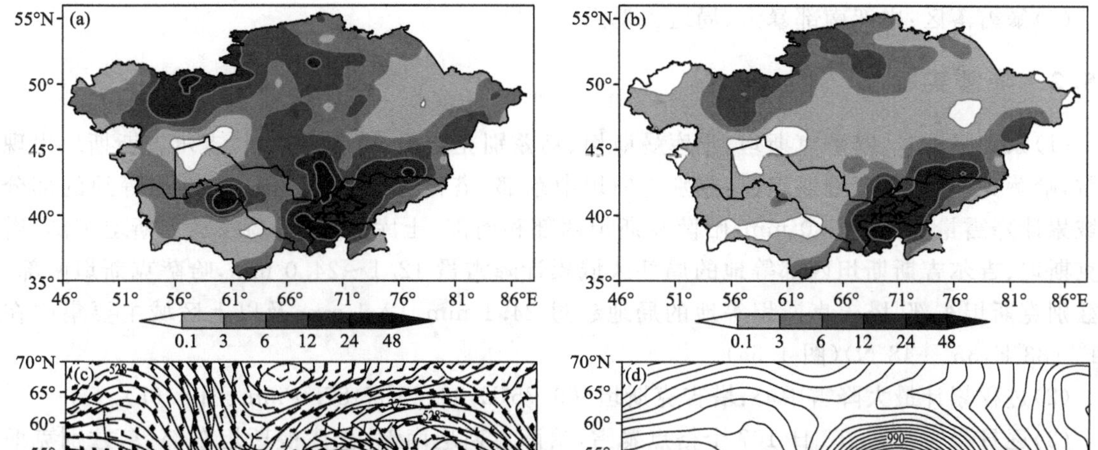

图 4.4　(a) 2008 年 2 月 20—22 日中亚地区累计降雪量(单位:mm);(b) 2 月 21 日(最强降雪日)降雪量(单位:mm);(c) 2 月 21 日 00 时 500 hPa 高度场(实线,单位:dagpm)、风场(风羽)和温度场(虚线,单位:℃);(d) 2 月 21 日 00 时海平面气压场(实线,单位:hPa);(e) 2 月 21 日 00 时 700 hPa 风场(风羽)和温度场(虚线,单位:℃);(f) 2 月 21 日 00 时 850 hPa 风场(风羽)和温度场(虚线,单位:℃)

4.5 1991 年 12 月 13—17 日暴雪过程

4.5.1 过程特征

(1)过程强度:强。

(2)暴雪类型:冷锋+暖锋型。

(3)暴雪落区:中亚南部暴雪、局地大暴雪。

4.5.2 降雪实况

(1)累计降雪量:哈萨克斯坦、土库曼斯坦、乌兹别克斯坦、塔吉克斯坦、吉尔吉斯斯坦出现降雪,哈萨克斯坦、土库曼斯坦、乌兹别克斯坦中东部、塔吉克斯坦、吉尔吉斯斯坦等地的部分区域累计降雪量 3.1～12.0 mm,哈萨克斯坦西部和南部、土库曼斯坦、乌兹别克斯坦东部、塔吉克斯坦、吉尔吉斯斯坦西部等地的局部区域累计降雪量 12.1～24.0 mm,哈萨克斯坦南部、乌兹别克斯坦东部、塔吉克斯坦等地的局地超过 24.1 mm,12.1 mm 及以上区域主要集中在(51°—83°E,35°—48°N)(图 4.5a)。

(2)过程累计最大降雪中心:塔吉克斯坦(69.75°E,38.25°N)87.0 mm(图 4.5a)。

(3)逐日暴雪落区:13 日 107 个格点暴雪(哈萨克斯坦南部、土库曼斯坦东部、乌兹别克斯坦东部、塔吉克斯坦)、6 个格点大暴雪(哈萨克斯坦南部、乌兹别克斯坦东部);14 日 3 个格点暴雪(吉尔吉斯斯坦西部);15 日 21 个格点暴雪(哈萨克斯坦东南部、乌兹别克斯坦东部、塔吉克斯坦);16 日 14 个格点暴雪(哈萨克斯坦南部、土库曼斯坦西部、乌兹别克斯坦东部);17 日 12 个格点暴雪(哈萨克斯坦南部、乌兹别克斯坦东部、塔吉克斯坦、吉尔吉斯斯坦西部)、15 个格点大暴雪(塔吉克斯坦)。共 157 个格点暴雪、21 个格点大暴雪。

(4)日最大暴雪中心:塔吉克斯坦(69.75°E,38.25°N)17 日 47.6 mm,属大暴雪(图 4.5b)。

4.5.3 环流形势及特征量

4.5.3.1 环流形势

(1)500 hPa 环流:“两脊两槽(涡)”型,欧洲西部和里海、咸海为“两脊”,欧洲中部至地中海和西西伯利亚为“两槽(涡)”,上游欧洲西部高压脊向东发展,地中海低压槽切涡,低涡前部西南气流加强,受高压脊推动低涡逆时针旋转东移北上(图 4.5c)。

(2)影响系统:200 hPa 高空西南急流,500 hPa 地中海低涡,850 hPa 西南低空急流、低涡、切变线,地面暖低压。

4.5.3.2 特征量

(1)200 hPa:西南急流位于中亚南部,中心风速达 66 m/s。

(2)500 hPa:13 日低涡中心(536 dagpm)位于地中海地区,低压槽 584 dagpm 等高线南压至 20°N 以南,15 日低涡减弱成槽后,槽前最大西南风 40 m/s,位于(56°E,33°N)附近,低涡配合有−28 ℃低温中心,−20 ℃等温线压至中亚西南部。

(3)700 hPa：哈萨克斯坦南部存在≥26 m/s 的西南急流(图 4.5e)。

(4)850 hPa：哈萨克斯坦南部为≥24 m/s 的西南急流，中亚南部存在低压中心，伴随气旋性切变线(图 4.5f)。

(5)海平面气压：冷高压路径为偏西，在东移过程中与东部冷高压合并加强，地面冷高压中心强度为 1030.0 hPa，位于(50°E，45°N)附近，南北压差大，冷高压和中亚南部暖低压气压差 20.0 hPa 左右，强冷锋造成中亚南部大范围暴雪。13 日位于地中海的低压分裂后，东部的低压继续东移北上，地面暖低压中心强度为 1012.5 hPa，位于(70°E，40°N)附近，与位于中国西部的冷高压(1035.0 hPa)形成 20.0 hPa 左右气压差，暴雪发生在低压向高压东伸过程中，暖锋造成了中亚南部暴雪(图 4.5d)。

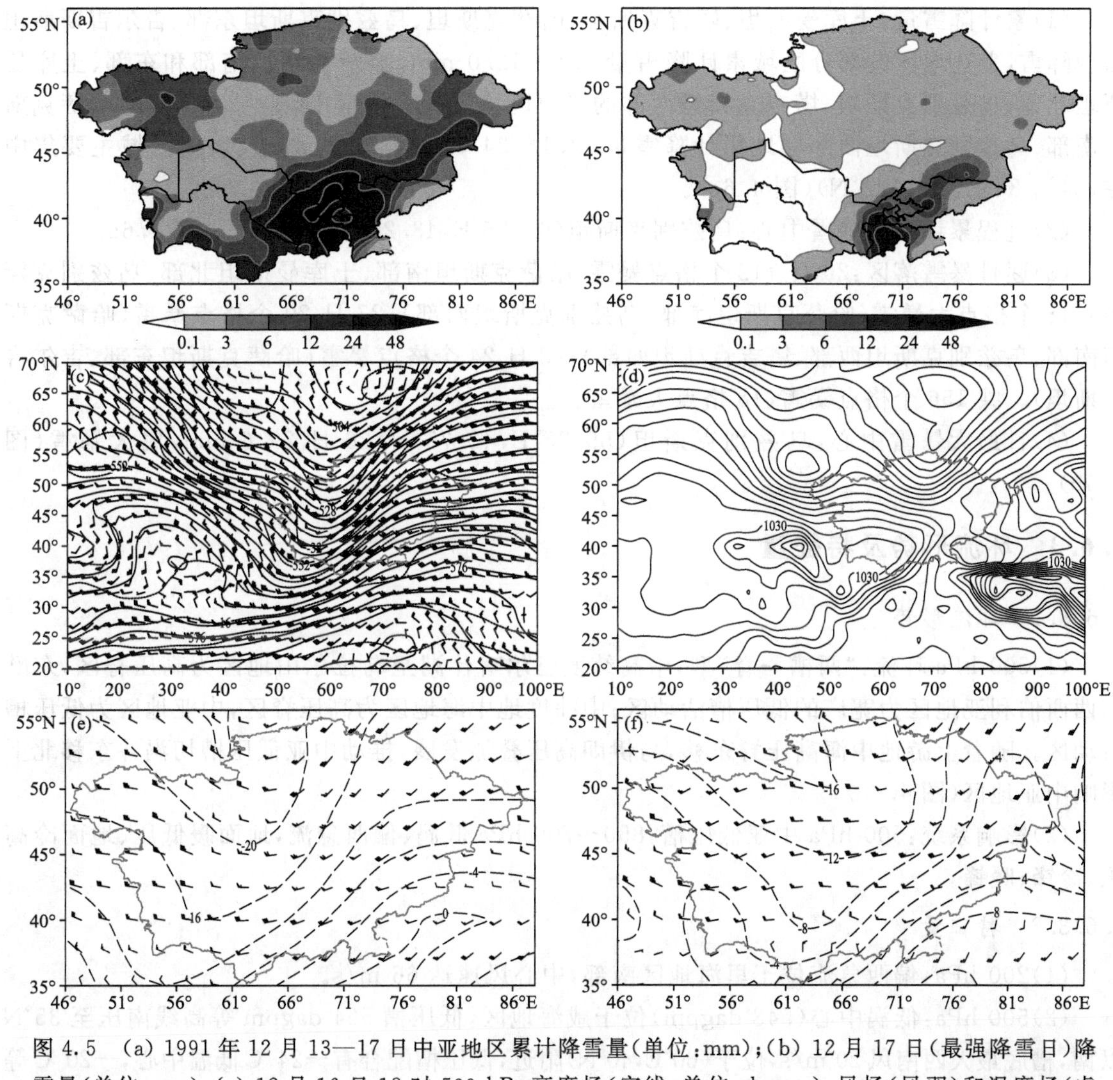

图 4.5　(a) 1991 年 12 月 13—17 日中亚地区累计降雪量(单位：mm)；(b) 12 月 17 日(最强降雪日)降雪量(单位：mm)；(c) 12 月 16 日 18 时 500 hPa 高度场(实线，单位：dagpm)、风场(风羽)和温度场(虚线，单位：℃)；(d) 12 月 17 日 00 时海平面气压场(实线，单位：hPa)；(e) 12 月 17 日 00 时 700 hPa 风场(风羽)和温度场(虚线，单位：℃)；(f) 12 月 17 日 06 时 850 hPa 风场(风羽)和温度场(虚线，单位：℃)

4.6 2018 年 2 月 26—28 日暴雪过程

4.6.1 过程特征

(1)过程强度:强。

(2)暴雪类型:暖锋+冷锋型。

(3)暴雪落区:中亚南部暴雪、局地大暴雪。

4.6.2 降雪实况

(1)累计降雪量:土库曼斯坦、塔吉克斯坦、哈萨克斯坦、乌兹别克斯坦东部、吉尔吉斯斯坦出现降雪,上述地区的部分区域累计降雪量 3.1～12.0 mm,哈萨克斯坦南部和东部、土库曼斯坦北部、乌兹别克斯坦、塔吉克斯坦西部的局部区域累计降雪量 12.1～24.0 mm,哈萨克斯坦南部、乌兹别克斯坦西部局地累计降雪量 24.1～34.0 mm,12.1 mm 及以上区域主要集中在(54°—84°E,37°—48°N)(图 4.6a)。

(2)过程累计最大降雪中心:乌兹别克斯坦(63.25°E,43.25°N)34.0 mm(图 4.6a)。

(3)逐日暴雪落区:26 日 112 个格点暴雪(哈萨克斯坦南部、土库曼斯坦北部、乌兹别克斯坦)、18 个格点大暴雪(哈萨克斯坦南部、乌兹别克斯坦西部);27 日 20 个格点暴雪(哈萨克斯坦南部、乌兹别克斯坦西部、塔吉克斯坦西部);28 日 24 个格点暴雪(哈萨克斯坦东部、吉尔吉斯斯坦)。共 156 个格点暴雪、18 格点大暴雪。

(4)日最大暴雪中心:乌兹别克斯坦(59.75°E,42.75°N)26 日 29.6 mm,属大暴雪(图 4.6b)。

4.6.3 环流形势及特征量

4.6.3.1 环流形势

(1)500 hPa 环流:“两槽一脊”型,中高纬度巴尔喀什湖至乌拉尔山地区为高压脊区,东欧和西西伯利亚地区为宽广的低压槽活动区;中纬度地中海地区为高压脊区,中亚地区为低压槽活动区。随着上游地中海高压脊东移,与伊朗高压叠加发展,推动中亚低压槽切涡并东移北上影响中亚地区(图 4.6c)。

(2)影响系统:500 hPa 中亚低压槽,850～700 hPa 低涡、偏西急流,地面暖低压、地面冷高压、冷锋、暖锋。

4.6.3.2 特征量

(1)200 hPa:偏西急流位于里海地区南部,中心风速达 66 m/s。

(2)500 hPa:低涡中心(548 dagpm)位于咸海地区,低压槽 564 dagpm 等高线南压至 35°N 以南,槽底最大西南风 20 m/s,位于(60°E,40°N)附近,低压槽配合有－24 ℃低温中心,－20 ℃等温线压至中亚南部。

(3)700 hPa:咸海附近存在低涡,咸海南部出现≥16 m/s 的偏西急流(图 4.6e)。

(4)850 hPa:咸海附近存在低涡,出现≥16 m/s 的偏西急流(图 4.6f)。

(5)海平面气压：26 日中亚地区受地面 1005.0 hPa 暖低压控制，暖低压为偏西路径，位于(65°E,40°N)附近，为暖锋暴雪；27 日随着暖低压东移，位于西欧北部的高压前沿东移南压，冷高压路径为偏西北，在东南移动过程中不断增强，地面冷高压中心强度为 1050.0 hPa，位于(20°E,70°N)附近，西北和东南压差大，冷高压和暖低压气压差接近 30.0 hPa，强冷锋造成中亚大范围暴雪(图 4.6d)。

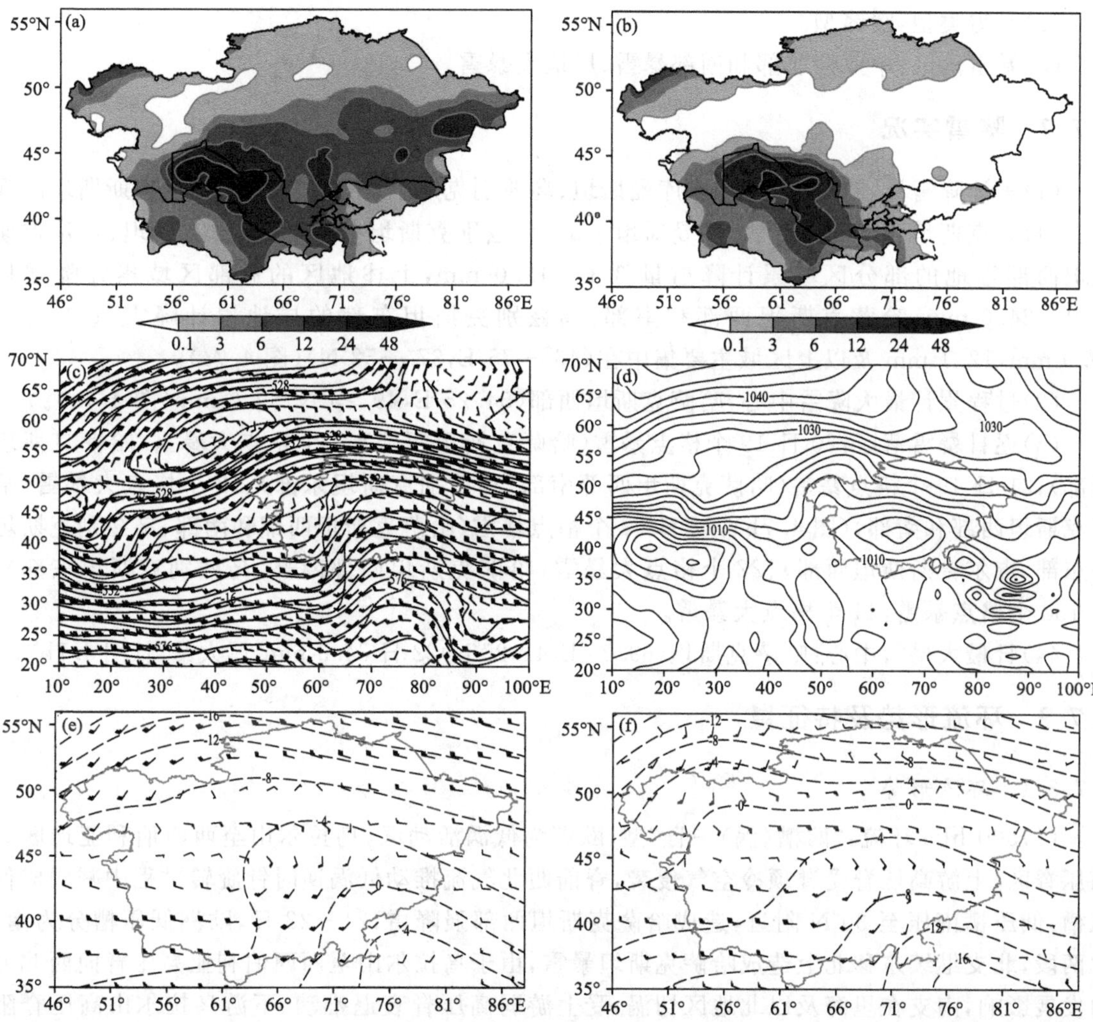

图 4.6　(a) 2018 年 2 月 26—28 日中亚地区累计降雪量(单位:mm)；(b) 2 月 26 日(最强降雪日)降雪量(单位:mm)；(c) 2 月 26 日 06 时 500 hPa 高度场(实线，单位:dagpm)、风场(风羽)和温度场(虚线，单位:℃)；(d) 2 月 26 日 12 时海平面气压场(实线，单位:hPa)；(e) 2 月 26 日 12 时 700 hPa 风场(风羽)和温度场(虚线，单位:℃)；(f) 2 月 26 日 12 时 850 hPa 风场 (风羽)和温度场(虚线，单位:℃)

4.7 1999 年 2 月 20—22 日暴雪过程

4.7.1 过程特征

(1)过程强度:强。

(2)暴雪类型:暖锋型。

(3)暴雪落区:中亚西北部和南部暴雪、局地大暴雪。

4.7.2 降雪实况

(1)累计降雪量:哈萨克斯坦、土库曼斯坦、乌兹别克斯坦、塔吉克斯坦、吉尔吉斯斯坦出现降雪,哈萨克斯坦西部和南部、土库曼斯坦东部、乌兹别克斯坦中东部、塔吉克斯坦、吉尔吉斯斯坦西部等地的部分区域累计降雪量 3.1～12.0 mm,上述地区的局部区域累计降雪量 12.1～24.0 mm,哈萨克斯坦西部和南部、乌兹别克斯坦东部的局地累计降雪量 24.1～59.0 mm,12.1 mm 及以上区域主要集中在(46°—75°E,37°—52°N)(图 4.7a)。

(2)过程累计最大降雪中心:哈萨克斯坦西部(54.25°E,49.25°N)59.0 mm(图 4.7a)。

(3)逐日暴雪落区:20 日 19 个格点暴雪(哈萨克斯坦西部)、7 个格点大暴雪(哈萨克斯坦西部);21 日 49 个格点暴雪(哈萨克斯坦西部南部、乌兹别克斯坦东部)、12 个格点大暴雪(哈萨克斯坦西部和南部)(图 4.7b);22 日 62 个格点暴雪(哈萨克斯坦西部和南部、乌兹别克斯坦中东部、吉尔吉斯斯坦西部)、22 个格点大暴雪(哈萨克斯坦西部南部、乌兹别克斯坦东部)。共 130 个格点暴雪,41 个格点大暴雪。

(4)日最大暴雪中心:哈萨克斯坦(69.25°E,41.25°N)22 日 34.3 mm,属大暴雪(图 4.7b)。

4.7.3 环流形势及特征量

4.7.3.1 环流形势

(1)500 hPa 环流:“两槽(涡)一脊”型,欧洲为低涡活动区,乌拉尔山至西西伯利亚地区为高压脊区,上游高压脊受脊顶冷空气侵袭,脊前西北气流推动低涡逆时针旋转过程中减弱成低压槽,低压槽南压至 30°N 附近,造成哈萨克斯坦西部强降雪,21—22 日,欧洲低压槽分为南、北两段,北支继续东移北上造成哈萨克斯坦暴雪,由于乌拉尔山至西西伯利亚高压脊向西北方向发展影响,南支在里海及以北地区切涡,受上游弱高压脊衰退推动、下游乌拉尔山高压脊阻挡,里海附近低涡东移北上,造成此次中亚南部的暴雪天气过程(图 4.7c)。

(2)影响系统:200 hPa 高空偏西急流,500 hPa 欧洲低涡、里海低涡,850～700 hPa 切变线、偏南低空急流,地面低压。

4.7.3.2 特征量

(1)200 hPa:偏西急流位于里海地区南部,中心风速达 60 m/s(中亚地区为 34 m/s)。

(2)500 hPa:20 日低涡中心(524 dagpm)位于黑海以北地区(30°E,55°N),受脊顶冷空气侵袭,脊前西北气流推动低涡逆时针旋转过程中减弱成低压槽,低压槽南压至 30°N 附近,造成哈萨克斯坦西部强降雪,21—22 日,欧洲低压槽分为南、北两段,北支继续东移北上造成哈萨克斯坦暴雪，受乌拉尔山至西西伯利亚高压脊向西北方向发展影响，南支在里海及以北地区切涡，低压槽南压至 35°N 以南，配合有 −32 ℃低温中心，低压槽东移北上过程中造成中亚南部暴雪。

(3)700 hPa：中亚南部至东欧地区存在偏西风或西南风与东南风的暖式切变线，东南风≥16 m/s，温度场上配合有 0～−10 ℃的温度脊，偏南风引导暖湿气流北上，温度脊逐渐增强北抬，22 日里海、咸海以北地区切涡明显，形成低涡系统(图 4.7e)。

(4)850 hPa：20 日里海、黑海地区存在低涡系统，其前部有西南风与东南风的暖式切变线存在，偏南风达 20 m/s，中亚中部存在强温度脊，在高空引导气流作用下，低涡增强且向南发展，偏南气流推动暖空气北抬，−4 ℃的暖中心位于 50°N 附近(图 4.7f)。

(5)海平面气压：热低压路径为偏西，在东移过程中发展。20 日低压中心位于里海、黑海

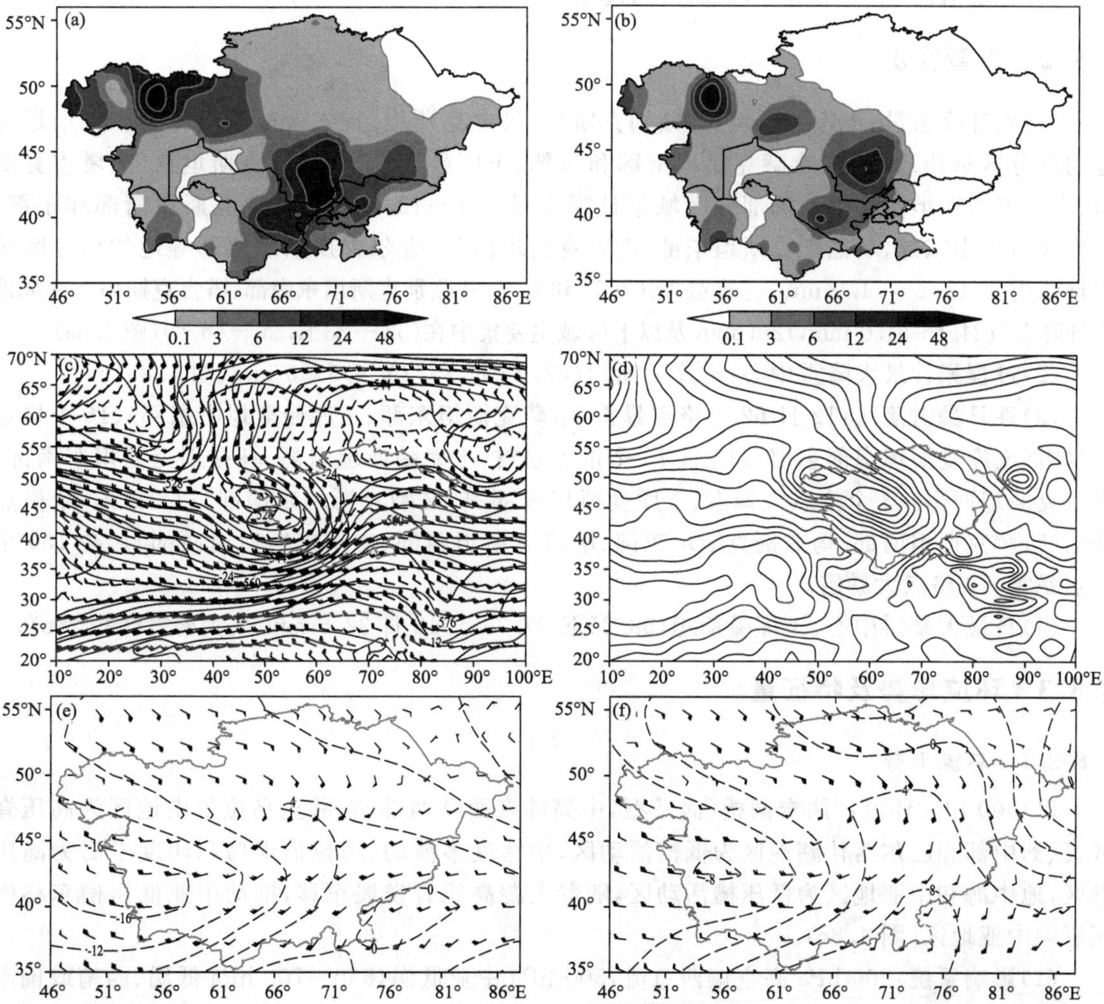

图 4.7　(a) 1999 年 2 月 20—22 日中亚地区累计降雪量(单位：mm)；(b) 2 月 21 日(最强降雪日)降雪量(单位：mm)；(c) 2 月 21 日 12 时 500 hPa 高度场(实线，单位：dagpm)、风场(风羽)和温度场(虚线，单位：℃)；(d) 2 月 21 日 12 时海平面气压场(实线，单位：hPa)；(e) 2 月 21 日 18 时 700 hPa 风场(风羽)和温度场(虚线，单位：℃)；(f) 2 月 21 日 18 时 850 hPa 风场(风羽)和温度场(虚线，单位：℃)

之间(40°E,45°N),中心强度为 1005.0 hPa,受上游冷高压推动,低压东移发展,22 日东移至中亚地区(60°E,50°N),中心强度达 992.5 hPa,低压东移过程中锋前暖区产生大范围暴雪(图 4.7d)。

4.8 2019 年 2 月 12—14 日暴雪过程

4.8.1 过程特征

(1)过程强度:强。

(2)暴雪类型:冷锋型。

(3)暴雪落区:中亚南部和东部暴雪、局地大暴雪。

4.8.2 降雪实况

(1)累计降雪量:土库曼斯坦、乌兹别克斯坦、塔吉克斯坦、吉尔吉斯斯坦和哈萨克斯坦等地的部分区域出现降雪,哈萨克斯坦南部和东部、土库曼斯坦、乌兹别克斯坦东部、塔吉克斯坦、吉尔吉斯斯坦西部等地的部分区域累计降雪量 3.1～12.0 mm,哈萨克斯坦南部和东部、土库曼斯坦中东部、乌兹别克斯坦东部、塔吉克斯坦西部、吉尔吉斯斯坦西部等地的局部区域累计降雪量 12.1～24.0 mm,土库曼斯坦南部和东部、乌兹别克斯坦东南部、塔吉克斯坦西部局地累计降雪量24.1～51.0 mm,12.1 mm 及以上区域主要集中在(52°—83°E,35°—46°N)(图 4.8a)。

(2)过程累计最大降雪中心:土库曼斯坦(62.25°E,35.25°N)51.0 mm(图 4.8a)。

(3)逐日暴雪落区:12 日 62 个格点暴雪(哈萨克斯坦东部、土库曼斯坦中东部)、16 个格点大暴雪(土库曼斯坦南部东部);13 日 73 个格点暴雪(土库曼斯坦东部、乌兹别克斯坦东南部、塔吉克斯坦西部)、3 个格点大暴雪(土库曼斯坦南部、乌兹别克斯坦东南部);14 日 15 个格点暴雪(哈萨克斯坦南部、乌兹别克斯坦东部、塔吉克斯坦西部、吉尔吉斯斯坦西部)。共 150 个格点暴雪、19 格点大暴雪。

(4)日最大暴雪中心:土库曼斯坦(58.25°E,37.75°N)12 日 32.6 mm,属大暴雪(图 4.8b)。

4.8.3 环流形势及特征量

4.8.3.1 环流形势

(1)500 hPa 环流:“两脊两槽(涡)”型,中高纬度西欧西部、东欧至乌拉尔山地区为高压脊区,欧洲中部和巴尔喀什湖地区为低槽活动区,中纬度多波动,阿拉伯半岛和印度半岛为高压脊区,地中海和中亚地区为低压槽活动区,随着上游高压脊发展东移,推动中亚低压槽东移南压影响中亚地区(图 4.8c)。

(2)影响系统:200 hPa 高空偏西急流,500 hPa 中亚低涡,850～700 hPa 低涡、西南或偏南急流,地面冷高压、冷锋。

4.8.3.2 特征量

(1)200 hPa:偏西急流位于里海地区南部,中心风速达 76 m/s。

(2)500 hPa:低涡中心(552 dagpm)位于里海地区,低压槽 564 dagpm 等高线南压至 30°N

以南，槽底前最大偏西风 34 m/s，位于(52°E,26°N)附近，低涡配合有−24 ℃低温中心，−24 ℃等温线压至中亚西南部。

(3)700 hPa：里海、咸海和伊朗高原存在 2 个低涡，伊朗高原出现≥24 m/s 的西南急流(图 4.8e)。

(4)850 hPa：里海、咸海和伊朗高原存在 2 个低涡，伊朗高原出现≥18 m/s 的偏南急流(图 4.8f)。

(5)海平面气压：冷高压路径为偏西，在东移过程中与东北部冷高压合并加强，地面冷高压中心强度为 1027.0 hPa，位于(42°E,40°N)附近，冷高压和东部暖低压气压差 15.0 hPa 左右，冷锋造成中亚大范围暴雪(图 4.8d)。

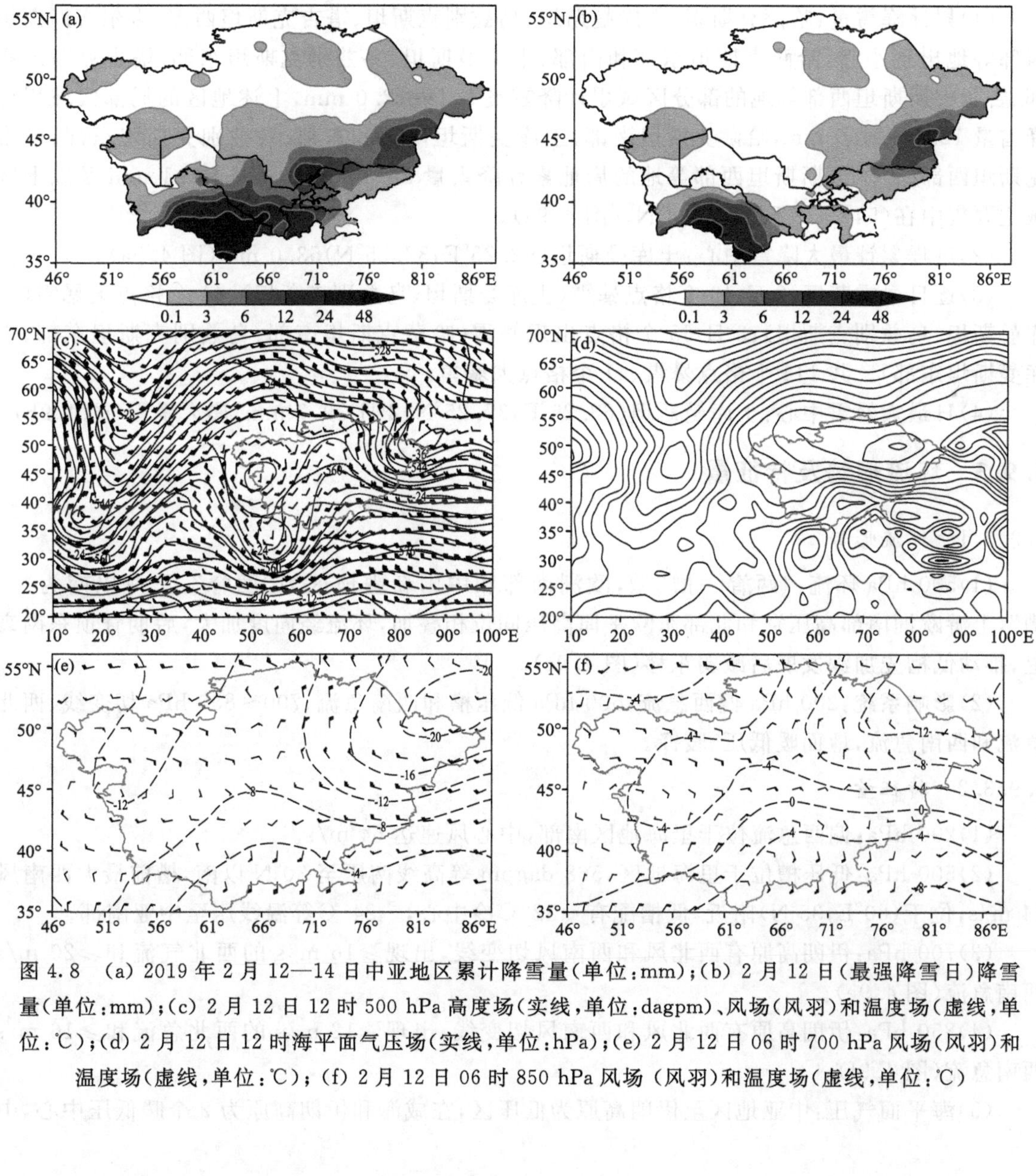

图 4.8　(a) 2019 年 2 月 12—14 日中亚地区累计降雪量(单位：mm)；(b) 2 月 12 日(最强降雪日)降雪量(单位：mm)；(c) 2 月 12 日 12 时 500 hPa 高度场(实线，单位：dagpm)、风场(风羽)和温度场(虚线，单位：℃)；(d) 2 月 12 日 12 时海平面气压场(实线，单位：hPa)；(e) 2 月 12 日 06 时 700 hPa 风场(风羽)和温度场(虚线，单位：℃)；(f) 2 月 12 日 06 时 850 hPa 风场 (风羽)和温度场(虚线，单位：℃)

4.9　2009 年 2 月 2—3 日暴雪过程

4.9.1　过程特征

(1)过程强度:强。

(2)暴雪类型:暖锋型。

(3)暴雪落区:中亚南部暴雪、局地大暴雪。

4.9.2　降雪实况

(1)累计降雪量:哈萨克斯坦、土库曼斯坦、乌兹别克斯坦、塔吉克斯坦西部、吉尔吉斯斯坦西部等地出现小雪,哈萨克斯坦东部和南部、土库曼斯坦、乌兹别克斯坦东部、塔吉克斯坦西部、吉尔吉斯斯坦西部等地的部分区域累计降雪量 3.1～12.0 mm,上述地区的局部区域累计降雪量 12.1～24.0 mm,哈萨克斯坦南部、土库曼斯坦南部和东部、乌兹别克斯坦东部、塔吉克斯坦西部、吉尔吉斯斯坦西部等地的局地累计降雪量 24.1～53.0 mm,12.1 mm 及以上区域主要集中在(54°—72°E、35°—44°N)(图 4.9a)。

(2)过程累计最大降雪中心:土库曼斯坦(62.25°E,37.25°N)53.0 mm(图 4.9a)。

(3)逐日暴雪落区:2 日 49 个格点暴雪(土库曼斯坦、乌兹别克斯坦)、41 个格点大暴雪(土库曼斯坦、乌兹别克斯坦);3 日 65 个格点出现暴雪(哈萨克斯坦南部、乌兹别克斯坦东部、土库曼斯坦东部)。共 114 个格点暴雪、41 个格点大暴雪。

(4)日最大暴雪中心:土库曼斯坦(62.25°E,37.25°N)2 日 39.7 mm,属大暴雪(图 4.9b)。

4.9.3　环流形势及特征量

4.9.3.1　环流形势

(1)500 hPa 环流:“两脊一槽”型,欧洲南部和中国新疆地区为“两脊”,里海以南为“一槽”,上游欧洲南部高压脊和北部东欧平原高压同位相叠加,环流经向度加大,后期脊顶东南衰退,推动低槽先加深发展后减弱东移(图 4.9c)。

(2)影响系统:200 hPa 偏西急流,500 hPa 低压槽和西南急流、700～850 hPa 切变线、西北急流和西南急流,地面暖低压、暖锋。

4.9.3.2　特征量

(1)200 hPa:偏西急流位于里海地区南部,中心风速达 64 m/s。

(2)500 hPa:低压槽位于里海地区,568 dagpm 等高线南压至 30°N 以南,槽前最大西南风 24 m/s,位于(60°E,35°N)附近,低槽配有−32 ℃冷中心,−24 ℃等温线压至中亚南部。

(3)700 hPa:伊朗高原有西北风和西南风切变线,出现≥16 m/s 的西北气流和≥20 m/s 西南急流(图 4.9e)。

(4)850 hPa:伊朗高原有西北风和西南风切变线,出现≥12 m/s 的西北急流和≥16 m/s 西南急流(图 4.9f)。

(5)海平面气压:中亚地区至伊朗高原为低压区,在咸海和伊朗高原为 2 个暖低压中心,中心气压均为 1012.0 hPa,在东移过程中伊朗暖低压加强为 1007.0 hPa,位于(60°E,35°N)附近,与青藏高原西部 1035.0 hPa 冷高压形成暖锋,东西压差大,冷高压和暖低压间气压差超过 20.0 hPa,造成中亚大范围暴雪(图 4.9d)。

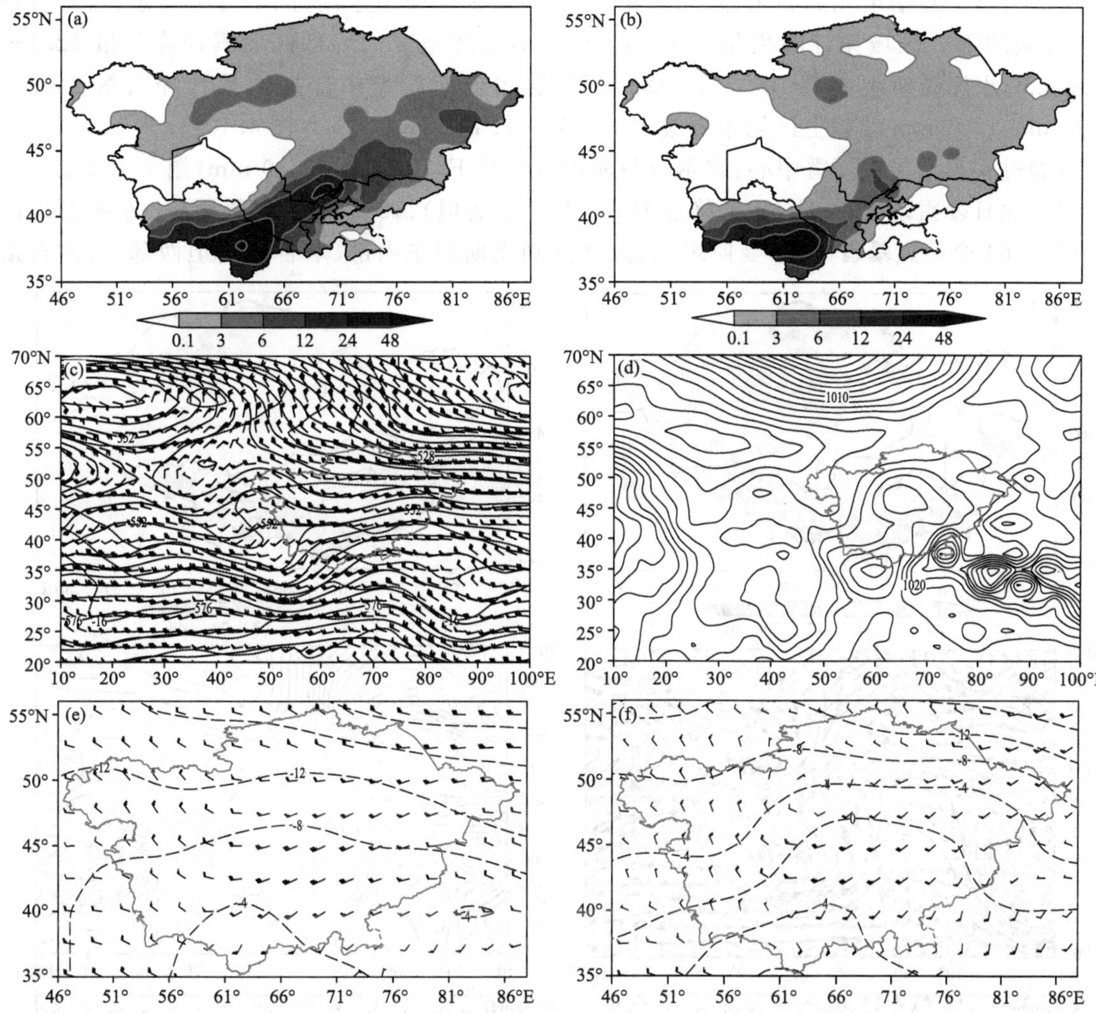

图 4.9　(a) 2009 年 2 月 2—3 日中亚地区累计降雪量(单位:mm);(b) 2 月 2 日(最强降雪日)降雪量(单位:mm);(c) 2 月 2 日 00 时 500 hPa 高度场(实线,单位:dagpm)、风场(风羽)和温度场(虚线,单位:℃);(d) 2 月 2 日 00 时海平面气压场(实线,单位:hPa);(e) 2 月 2 日 00 时 700 hPa 风场(风羽)和温度场(虚线,单位:℃);(f) 2 月 2 日 00 时 850 hPa 风场(风羽)和温度场(虚线,单位:℃)

4.10　2019 年 2 月 4—6 日暴雪过程

4.10.1　过程特征

(1)过程强度:强。

(2)暴雪类型:冷锋型。

(3)暴雪落区:中亚南部和东部暴雪、局地大暴雪。

4.10.2 降雪实况

(1)累计降雪量：哈萨克斯坦、土库曼斯坦、乌兹别克斯坦东部、塔吉克斯坦、吉尔吉斯斯坦出现降雪，哈萨克斯坦北部和东部、土库曼斯坦、乌兹别克斯坦东南部、塔吉克斯坦、吉尔吉斯斯坦等地的部分区域累计降雪量 3.1～12.0 mm，上述地区的局部区域累计降雪量 12.1～24.0 mm，土库曼斯坦南部、塔吉克斯坦西部、吉尔吉斯斯坦中部局地累计降雪量 24.1～58.0 mm，12.1 mm 及以上区域主要集中在(53°—82°E，35°—47°N)(图 4.10a)。

(2)过程累计最大降雪中心：吉尔吉斯斯坦(76.25°E，42.25°N)58.0 mm(图 4.10a)。

(3)逐日暴雪落区：4 日 39 个格点暴雪(土库曼斯坦)、19 个格点大暴雪(土库曼斯坦南部)；5 日 64 个格点暴雪(土库曼斯坦东部、乌兹别克斯坦东南部、塔吉克斯坦西部、吉尔吉斯

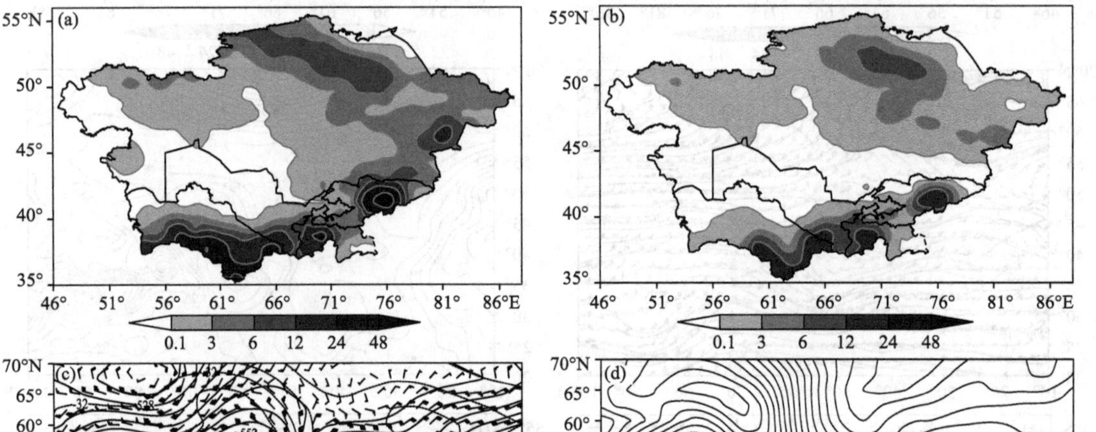

图 4.10　(a) 2019 年 2 月 4—6 日中亚地区累计降雪量(单位：mm)；(b) 2 月 5 日(最强降雪日)降雪量(单位：mm)；(c) 2 月 5 日 00 时 500 hPa 高度场(实线，单位：dagpm)、风场(风羽)和温度场(虚线，单位：℃)；(d) 2 月 5 日 00 时海平面气压场(实线，单位：hPa)；(e) 2 月 5 日 06 时 700 hPa 风场(风羽)和温度场(虚线，单位：℃)；(f) 2 月 5 日 06 时 850 hPa 风场(风羽)和温度场(虚线，单位：℃)

斯坦)(图 4.10b);6 日 16 个格点暴雪(吉尔吉斯斯坦)、17 个格点大暴雪(吉尔吉斯斯坦中部)。共 119 个格点暴雪、36 格点大暴雪。

(4)日最大暴雪中心:吉尔吉斯斯坦(75.75°E,41.25°N)6 日 44.9 mm,属大暴雪(图 4.10b)。

4.10.3　环流形势及特征量

4.10.3.1　环流形势

(1)500 hPa 环流:"两槽一脊"型,阿拉伯半岛至东欧地区为高压脊区,西欧至地中海、西西伯利亚至中亚地区均为低值系统活动区,随着上游高压脊的脊线顺时针旋转,高压脊东移北扩的过程中推动西西伯利亚至中亚地区低值系统东移南压影响中亚地区(图 4.10c)。

(2)影响系统:200 hPa 高空西南急流,500 hPa 中亚低压槽,850～700 hPa 切变线(气旋式辐合中心)、偏西或西南急流,地面冷高压、冷锋。

4.10.3.2　特征量

(1)200 hPa:偏西南急流位于咸海地区南部,中心风速达 62 m/s。

(2)500 hPa:低涡中心(556 dagpm)位于里海东南部,低压槽 564 dagpm 等高线南压至 30°N,槽底最大西南风 30 m/s,位于(55°E,28°N)附近,低压槽配合有−28 ℃低温中心,−24 ℃等温线压至中亚南部。

(3)700 hPa:咸海至巴尔喀什湖地区存在西北风和偏西南风的冷式切变线,咸海南部出现≥30 m/s 的偏西急流(图 4.10e)。

(4)850 hPa:咸海至巴尔喀什湖地区南部存在气旋式辐合中心,咸海南部出现≥14 m/s 的西南急流(图 4.10f)。

(5)海平面气压:冷高压路径为偏西,在东移过程中不断增强,地面冷高压中心强度为 1035.0 hPa,位于(42°E,40°N)附近,东西压差大,冷高压和暖低压间气压差 20.0 hPa 左右,强冷锋造成中亚大范围暴雪(图 4.10d)。

4.11　1999 年 1 月 1—2 日暴雪过程

4.11.1　过程特征

(1)过程强度:强。

(2)暴雪类型:冷锋型。

(3)暴雪落区:中亚南部和东部暴雪、局地大暴雪。

4.11.2　降雪实况

(1)累计降雪量:哈萨克斯坦、土库曼斯坦、乌兹别克斯坦、塔吉克斯坦、吉尔吉斯斯坦等地出现降雪,哈萨克斯坦北部和东部、土库曼斯坦东部、乌兹别克斯坦东部、塔吉克斯坦西部、吉尔吉斯斯坦西部等地的部分区域累计降雪量 3.1～12.0 mm,上述地区的局部区域累计降雪量 12.1～24.0 mm,哈萨克斯坦东部和南部的局地累计降雪量 24.1～56.0 mm,12.1 mm 及以上区域主要集中在(66°—80°E,40°—48°N)(图 4.11a)。

(2)过程累计最大降雪中心:哈萨克斯坦东部(75.25°E,47.25°N)56.0 mm(图 4.11a)。

(3)逐日暴雪落区:1 日 31 个格点暴雪(哈萨克斯坦、乌兹别克斯坦东部、吉尔吉斯斯坦西部);2 日 53 个格点暴雪(哈萨克斯坦南部和东部、乌兹别克斯坦东部)、65 个格点大暴雪(哈萨克斯坦东部)。共 84 个格点暴雪,65 个格点大暴雪。

(4)日最大暴雪中心:哈萨克斯坦(75.25°E,47.25°N)2 日 55.6 mm,属特大暴雪(图 4.11b)。

4.11.3 环流形势及特征量

4.11.3.1 环流形势

(1)500 hPa 环流:“两脊一槽(涡)”型,欧洲和西西伯利亚为高压脊区,乌拉尔山至里海为低涡活动区,受上游不稳定小槽侵袭,欧洲高压脊向东南衰退,推动乌拉尔山低涡东移,由于下

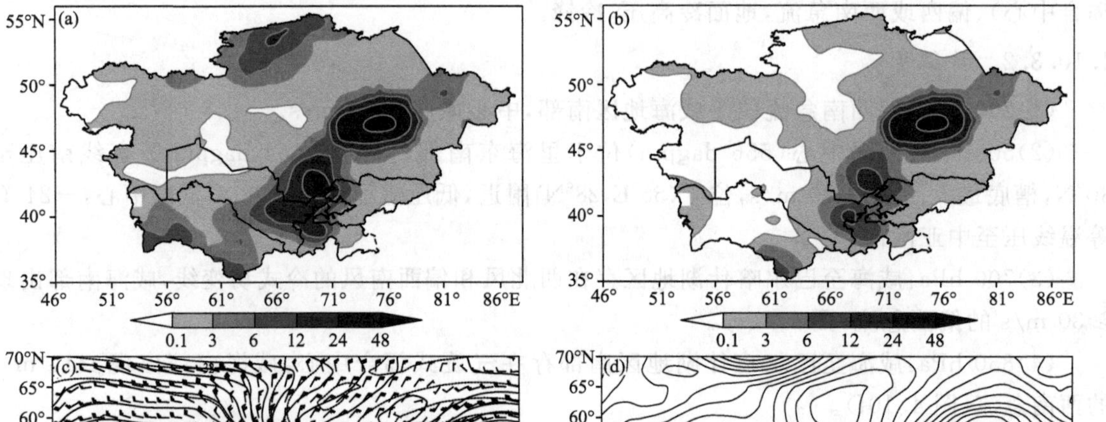

图 4.11 (a) 1999 年 1 月 1—2 日中亚地区累计降雪量(单位:mm);(b) 1 月 2 日(最强降雪日)降雪量(单位:mm);(c) 1 月 2 日 00 时 500 hPa 高度场(实线,单位:dagpm)、风场(风羽)和温度场(虚线,单位:℃);(d) 1 月 2 日 00 时海平面气压场(实线,单位:hPa);(e) 1 月 2 日 00 时 700 hPa 风场(风羽)和温度场(虚线,单位:℃);(f) 1 月 2 日 00 时 850 hPa 风场(风羽)和温度场(虚线,单位:℃)

游西西伯利亚高压脊较强，乌拉尔山低涡东移过程中北上，强度减弱，槽前正涡度平流配合有利的水汽输送，产生此次暴雪天气(图 4.11c)。

(2)影响系统：200 hPa 高空西南急流，500 hPa 乌拉尔低涡，850～700 hPa 切变线、西南低空急流，地面冷高压、冷锋。

4.11.3.2　特征量

(1)200 hPa：西南急流位于中亚及以南地区，中心风速达 52 m/s。

(2)500 hPa：低涡中心(512 dagpm)位于里海、咸海以北地区(60°E，60°N)，低压槽 568 dagpm 等高线南压至 32°N 以南，槽前最大西南风 40 m/s，位于(65°E，42°N)附近，低涡配合有－40 ℃低温中心，－24 ℃等温线压至中亚南部。

(3)700 hPa：乌拉尔山地区为低涡，存在西北风和西南风的冷式切变线，西北风引导冷空气南下，－24 ℃低温中心不断南压，与槽前西南风(≥20 m/s)引导的暖空气在中亚地区汇合，等温线密集，温度梯度大(图 4.11e)。

(4)850 hPa：乌拉尔山地区为低涡，西北风与西南风的冷式切变线明显，强西北风(16 m/s)引导的冷空气逐渐南压，与强西南风(16 m/s)引导的暖空气在中亚地区交绥，强偏西风与等温线夹角较大，斜压性强，等温线密集，温度梯度大，有利于冷锋锋生(图 4.11f)。

(5)海平面气压：冷高压控制欧洲和中亚地区，以偏西路径东移。1 日地面冷高压位于黑海附近(30°E，45°N)，中心强度为 1037.5 hPa，由于高纬度不断有冷空气补充，高压在东移过程中发展加强；2 日冷高压强度为 1042.5 hPa，高压前沿等压线密集，存在明显气压梯度，强盛地面冷锋控制中亚地区，造成中亚南部东部暴雪天气(图 4.11d)。

4.12　2006 年 2 月 10—11 日暴雪过程

4.12.1　过程特征

(1)过程强度：强。

(2)暴雪类型：暖锋型。

(3)暴雪落区：中亚东部和南部暴雪、局地大暴雪。

4.12.2　降雪实况

(1)累计降雪量：哈萨克斯坦南部和东部、土库曼斯坦、乌兹别克斯坦、塔吉克斯坦、吉尔吉斯斯坦等地出现小雪，哈萨克斯坦南部和东部、乌兹别克斯坦东部、塔吉克斯坦、吉尔吉斯斯坦等地的部分区域累计降雪量 3.1～12.0 mm，哈萨克斯坦南部和东部、吉尔吉斯斯坦的部分区域累计降雪量 12.1～24.0 mm，哈萨克斯坦南部局地累计降雪量 24.1～51.0 mm，12.1 mm 及以上区域主要集中在(55°—83°E，40°—50°N)(图 4.12a)。

(2)过程累计最大降雪中心：哈萨克斯坦(70.25°E，41.75°N)51.0 mm(图 4.12a)。

(3)逐日暴雪落区：10 日 71 个格点暴雪(哈萨克斯坦南部、乌兹别克斯坦东部、吉尔吉斯斯坦西部、塔吉克斯坦)、17 个格点大暴雪(哈萨克斯坦南部、吉尔吉斯斯坦)；11 日 54 个格点暴雪(哈萨克斯坦东部)。共 125 个格点暴雪、17 个格点大暴雪。

(4)日最大暴雪中心：哈萨克斯坦(70.25°E，41.75°N)10 日 43.1 mm，属大暴雪(图 4.12b)。

4.12.3 环流形势及特征量

4.12.3.1 环流形势

(1)500 hPa 环流:“一脊一槽”型,过程前期黑海以南为低压槽活动区,中国新疆地区为高压脊,后期地中海脊发展东移,推动低压槽分段,北支快速东移北上,影响中亚地区(图 4.12c)。

(2)影响系统:200 hPa 高空西南急流,500 hPa 低压槽,850～700 hPa 低涡和西北、西南急流,地面暖低压、暖锋。

4.12.3.2 特征量

(1)200 hPa:西南急流位于里海地区南部,中心风速达 72 m/s。

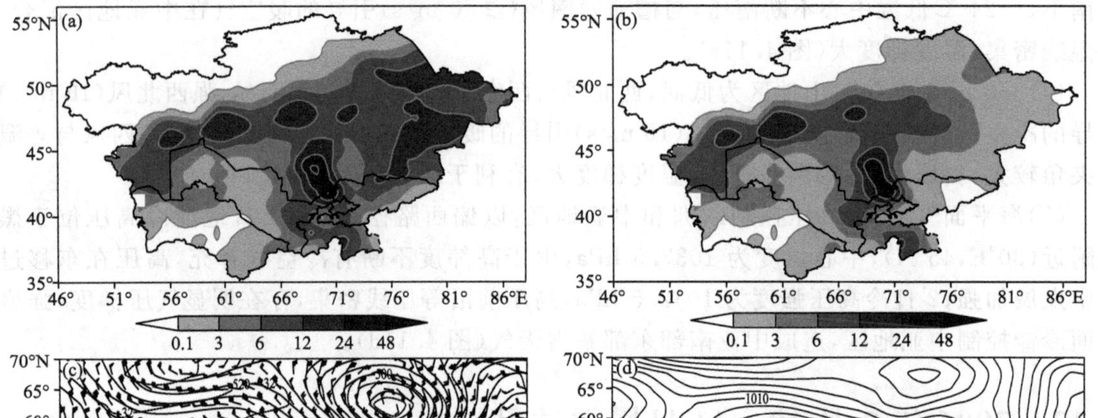

图 4.12 (a) 2006 年 2 月 10—11 日中亚地区累计降雪量(单位:mm);(b) 2 月 10 日(最强降雪日)降雪量(单位:mm);(c) 2 月 10 日 12 时 500 hPa 高度场(实线,单位:dagpm)、风场(风羽)和温度场(虚线,单位:℃);(d) 2 月 10 日 00 时海平面气压场(实线,单位:hPa);(e) 2 月 10 日 12 时 700 hPa 风场(风羽)和温度场(虚线,单位:℃);(f) 2 月 10 日 12 时 850 hPa 风场(风羽)和温度场(虚线,单位:℃)

(2)500 hPa：低压槽位于咸海地区，564 dagpm 等高线南压至 35°N 附近，槽前最大西南风 38 m/s，位于(60°E,40°N)附近，低压槽配合有－24 ℃低温中心，－24 ℃等温线压至中亚东部。

(3)700 hPa：咸海附近存在低涡，咸海西南部有西北风和西南风切变线，出现≥22 m/s 的西北急流和≥28 m/s 的西南急流(图 4.12e)。

(4)850 hPa：咸海附近存在低涡，咸海西南部有西北风和西南风切变线，出现≥28 m/s 的西南急流(图 4.12f)

(5)海平面气压：位于里海附近的暖低压中心强度为 1007.5 hPa，同时中国新疆西部附近有 1032.5 hPa 的冷高压，冷、暖空气交汇于中亚东部南部，地面暖锋增强，强暖锋造成中亚大范围暴雪(图 4.12d)。

4.13　1996 年 2 月 11—13 日暴雪过程

4.13.1　过程特征

(1)过程强度：强。

(2)暴雪类型：冷锋型。

(3)暴雪落区：中亚南部和东部暴雪、局地大暴雪。

4.13.2　降雪实况

(1)累计降雪量：哈萨克斯坦、土库曼斯坦、乌兹别克斯坦、塔吉克斯坦、吉尔吉斯斯坦出现降雪，哈萨克斯坦中东部、土库曼斯坦东部、乌兹别克斯坦东部、塔吉克斯坦、吉尔吉斯斯坦等地的部分区域累计降雪量 3.1～12.0 mm，上述地区的局部区域累计降雪量 12.1～24.0 mm，哈萨克斯坦南部、乌兹别克斯坦东部、塔吉克斯坦、吉尔吉斯斯坦西部的局地累计降雪量 24.1～55.0 mm，12.1 mm 及以上区域主要集中在(65°—78°E,37°—44°N)和(71°—77°E,49°—52°N)(图 4.13a)。

(2)过程累计最大降雪中心：哈萨克斯坦南部(70.25°E,41.75°N)55.0 mm(图 4.13a)。

(3)逐日暴雪落区：11 日 34 个格点暴雪(哈萨克斯坦南部和东部、土库曼斯坦东部、乌兹别克斯坦东部、吉尔吉斯斯坦西部)、11 个格点大暴雪(哈萨克斯坦南部、土库曼斯坦东部、乌兹别克斯坦东部、吉尔吉斯斯坦西部)；12 日 50 个格点暴雪(哈萨克斯坦南部、乌兹别克斯坦东部、塔吉克斯坦西部、吉尔吉斯斯坦西部)、3 个格点大暴雪(吉尔吉斯斯坦西部)；13 日 24 个格点暴雪(哈萨克斯坦南部、乌兹别克斯坦东部、吉尔吉斯斯坦西部)、13 个格点大暴雪(乌兹别克斯坦东部、吉尔吉斯斯坦西部)。共 108 个格点暴雪，27 个格点大暴雪。

(4)日最大暴雪中心：哈萨克斯坦(70.25°E,41.75°N)11 日 40.5 mm，属大暴雪(图 4.13b)。

4.13.3　环流形势及特征量

4.13.3.1　环流形势

(1)500 hPa 环流："一槽一脊"型，中高纬度欧洲至乌拉尔山地区为高压脊区，高压脊前偏北气流引导冷空气南下至西西伯利亚地区横槽中(60°N)，中纬度地中海地区和黑海南部分别存在短波系统，中高纬度横槽南压，中纬度两支短波系统相继东移，横槽底部强锋区与中纬度暖湿气流汇合,冷、暖空气在中亚地区交绥,造成此次降雪天气(图 4.13c)。

(2)影响系统:200 hPa 高空偏西急流,500 hPa 里海低压槽、地中海低压槽,850～700 hPa 西南急流,地面冷高压、冷锋。

4.13.3.2　特征量

(1)200 hPa:偏西急流位于里海地区南部,中心风速达 64 m/s(中亚地区达 30 m/s)。

(2)500 hPa:原位于地中海的低压槽东移至中亚地区,槽前西南风达 30 m/s,位于(62°E, 40°N)附近。

(3)700 hPa:西北风携带冷空气东移南压,西北风与西南风切变线在东移过程中影响中亚地区(图 4.13e)。

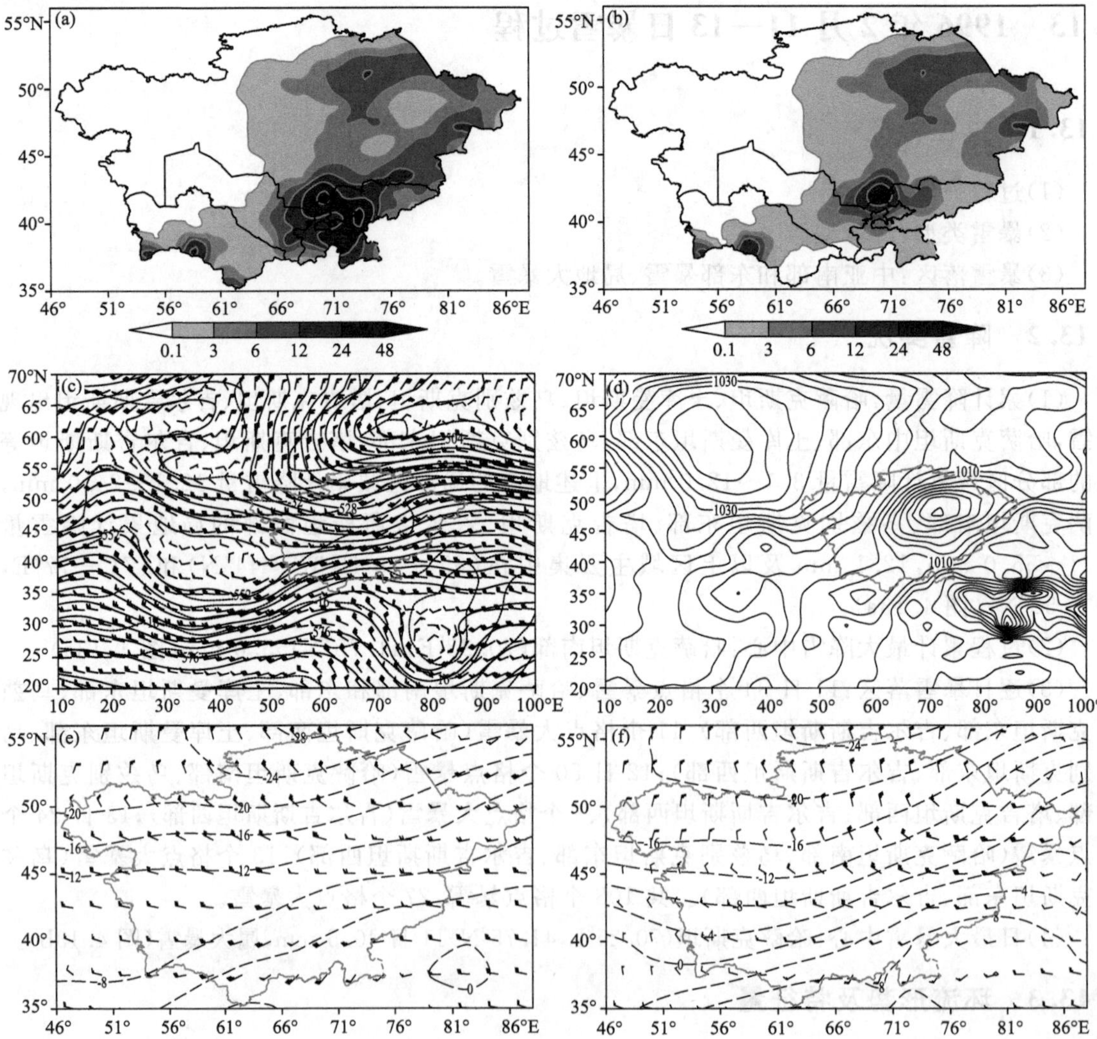

图 4.13　(a) 1996 年 2 月 11—13 日中亚地区累计降雪量(单位:mm);(b) 2 月 11 日(最强降雪日)降雪量(单位:mm);(c) 2 月 11 日 00 时 500 hPa 高度场(实线,单位:dagpm)、风场(风羽)和温度场(虚线,单位:℃);(d) 2 月 11 日 00 时海平面气压场(实线,单位:hPa);(e) 2 月 11 日 12 时 700 hPa 风场(风羽)和温度场(虚线,单位:℃);(f) 2 月 11 日 12 时 850 hPa 风场(风羽)和温度场(虚线,单位:℃)

(4)850 hPa：里海、咸海低涡东移北上的过程中影响中亚南部和东部，低涡前部西南风大于 20 m/s，中高纬度低温中心(−24 ℃)南压加强，南北温度梯度增大，有利于冷锋锋生(图 4.13f)。

(5)海平面气压：冷高压路径为西北偏西，在东移过程中发展加强，11 日地面冷高压中心强度为 1040.0 hPa，位于(30°E，60°N)附近，与中亚地区低压东西气压差达 45.0 hPa；12 日东移南压至(45°E，50°N)附近，冷高压东南部强冷锋造成中亚大范围暴雪(图 4.13d)。

4.14　2018 年 2 月 14—15 日暴雪过程

4.14.1　过程特征

(1)过程强度：强。

(2)暴雪类型：冷锋型。

(3)暴雪落区：中亚南部暴雪、局地大暴雪。

4.14.2　降雪实况

(1)累计降雪量：哈萨克斯坦南部和东部、土库曼斯坦、乌兹别克斯坦中东部、塔吉克斯坦、吉尔吉斯斯坦等地出现降雪，上述部分区域累计降雪量 3.1～12.0 mm，哈萨克斯坦南部、土库曼斯坦、乌兹别克斯坦东部、塔吉克斯坦、吉尔吉斯斯坦西部等地的局部区域累计降雪量 12.1～24.0 mm，哈萨克斯坦南部、土库曼斯坦西部、乌兹别克斯坦东部、塔吉克斯坦西部、吉尔吉斯斯坦西部等地的局地累计降雪量 24.1～40.0 mm，12.1 mm 及以上区域主要集中在(54°—75°E，37°—44°N)(图 4.14a)。

(2)过程累计最大降雪中心：塔吉克斯坦(71.25°E，38.25°N)40.0 mm(图 4.14a)。

(3)逐日暴雪落区：14 日 82 个格点暴雪(哈萨克斯坦南部、土库曼斯坦、乌兹别克斯坦东部、塔吉克斯坦西部、吉尔吉斯斯坦西部)、12 个格点大暴雪(土库曼斯坦西部、塔吉克斯坦西部)；15 日 38 个格点暴雪(哈萨克斯坦南部、乌兹别克斯坦东部、塔吉克斯坦西部、吉尔吉斯斯坦西部)、1 个格点大暴雪(吉尔吉斯斯坦西部)。共 120 个格点暴雪、13 格点大暴雪。

(4)日最大暴雪中心：土库曼斯坦(58.75°E，39.25°N)14 日 28.2 mm，属大暴雪(图 4.14b)。

4.14.3　环流形势及特征量

4.14.3.1　环流形势

(1)500 hPa 环流："两脊两槽(涡)"型，东欧和中国新疆地区为高压脊区，西欧和乌拉尔山地区为低值系统活动区，高压脊前西北气流引导北方冷空气向乌拉尔山低值系统中补充，低涡加深，随着上游高压脊东南落，推动乌拉尔山低涡东移影响中亚地区(图 4.14c)。

(2)影响系统：200 hPa 高空偏西急流，500 hPa 乌拉尔山低涡，850～700 hPa 低涡、偏西或西南急流，地面冷高压、冷锋。

4.14.3.2　特征量

(1)200 hPa：偏西急流位于黑海地区南部，中心风速达 58 m/s。

(2)500 hPa：低涡中心(528 dagpm)位于咸海东北部，低压槽 560 dagpm 等高线南压至

40°N 以南,槽底最大偏西风 30 m/s,位于(68°E,43°N)附近,低涡配合有−36 ℃低温中心,−20 ℃等温线压至中亚南部,等温线密集,有明显冷平流。

(3)700 hPa:咸海至巴尔喀什湖北部为低涡,巴尔喀什湖西部出现≥20 m/s 的偏西急流(图 4.14e)。

(4)850 hPa:咸海至巴尔喀什湖北部为低涡,巴尔喀什湖附近出现≥12 m/s 的西南急流(图 4.14f)。

(5)海平面气压:东欧至西西伯利亚为高压带,冷高压分裂为东、西两个中心,1035.0 hPa、1030.0 hPa 冷高压中心分别位于东欧和西西伯利亚地区,东欧地区冷高压移动路径为西北,中心强度为 1035.0 hPa,位于(45°E,60°N)附近,与中国新疆西部 1010.0 hPa 暖低压的气压差 25.0 hPa,强冷锋造成中亚大范围暴雪(图 4.14d)。

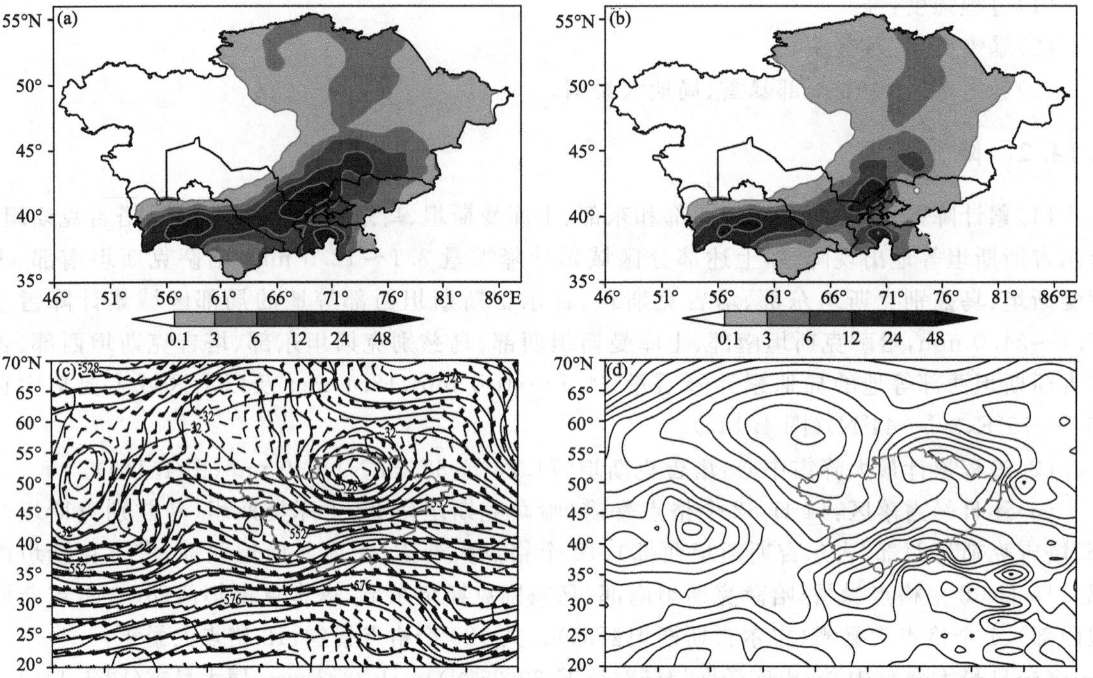

图 4.14 (a) 2018 年 2 月 14—15 日中亚地区累计降雪量(单位:mm);(b) 2 月 14 日(最强降雪日)降雪量(单位:mm);(c) 2 月 14 日 12 时 500 hPa 高度场(实线,单位:dagpm)、风场(风羽)和温度场(虚线,单位:℃);(d) 2 月 14 日 12 时海平面气压场(实线,单位:hPa);(e) 2 月 14 日 00 时 700 hPa 风场(风羽)和温度场(虚线,单位:℃);(f) 2 月 14 日 00 时 850 hPa 风场(风羽)和温度场(虚线,单位:℃)

第 5 章　中亚冬季中等强度暴雪过程

5.1　2013 年 2 月 1—5 日暴雪过程

5.1.1　过程特征

(1)过程强度:中等。

(2)暴雪类型:冷锋+暖锋型。

(3)暴雪落区:中亚南部暴雪、局地大暴雪。

5.1.2　降雪实况

(1)累计降雪量:哈萨克斯坦、土库曼斯坦、乌兹别克斯坦、塔吉克斯坦、吉尔吉斯斯坦等地出现降雪,哈萨克斯坦、土库曼斯坦、乌兹别克斯坦中东部、塔吉克斯坦、吉尔吉斯斯坦西部等地的部分区域累计降雪量 3.1～12.0 mm,上述地区的局部区域累计降雪量 12.1～24.0 mm,哈萨克斯坦西部、土库曼斯坦东部、乌兹别克斯坦东部、塔吉克斯坦西部的局地累计降雪量 24.1～35.0 mm,12.1 mm 及以上区域主要集中在(46°—71°E,36°—52°N)(图 5.1a)。

(2)过程累计最大降雪中心:乌兹别克斯坦(66.25°E,41.75°N)35.0 mm(图 5.1a)。

(3)逐日暴雪落区:1 日 25 个格点暴雪(哈萨克斯坦南部、土库曼斯坦西部、乌兹别克斯坦中部)、5 个格点大暴雪(乌兹别克斯坦中部);2 日 68 个格点暴雪(哈萨克斯坦南部、土库曼斯坦东部、乌兹别克斯坦东部、塔吉克斯坦西部);3 日 2 个格点暴雪(土库曼斯坦东部);4 日 1 个格点暴雪(塔吉克斯坦西部);5 日 21 个格点暴雪(哈萨克斯坦西部)。共 117 个格点暴雪、5 个格点大暴雪。

(4)日最大暴雪中心:乌兹别克斯坦(64.25°E,43.25°N)1 日 29.6 mm,属大暴雪(图 5.1b)。

5.1.3　环流形势及特征量

5.1.3.1　环流形势

(1)500 hPa 环流:“两槽一脊”型,欧洲和西西伯利亚地区为低压槽活动区,乌拉尔山北部为高压脊,由于脊后正涡度平流和正热成风涡度平流作用,使得低压槽发展切涡并东南伸,同时在里海南部不断存在短波扰动,受下游高压脊的阻挡,南、北两支系统东移北抬,造成此次中亚降雪天气(图 5.1c)。

(2)影响系统:200 hPa 高空西南急流,500 hPa 里海低涡,850～700 hPa 暖式切变线(1—3 日),地面低压(1—3 日),850～700 hPa 冷式切变线(4—5 日),地面冷高压(4—5 日)。

5.1.3.2　特征量

(1)200 hPa:西南急流位于里海地区南部,中心风速达 60 m/s(中亚地区达 30 m/s)。

(2)500 hPa:北支低压槽位于里海、咸海以北地区,低压槽南压至 45°N 附近,南支低涡(544 dagpm)位于里海地区以南(40°E,35°N),低压槽南压至 25°N,槽前最大西南风 24 m/s,1—3 日低值系统与暖脊配合,4—5 日低压槽配合有 −32 ℃的低温中心,同时 −28 ℃等温线压至中亚南部。

(3)700 hPa:1—3 日里海、咸海以北地区存在西南风和偏东风的暖式切变线,且西南风和东南风均≥16 m/s,强偏南风引导暖湿气流北抬,温度场配合温度脊,在高空引导气流作用下,暖式切变线东移北抬,4—5 日中亚地区受西北风与西南风的冷式切变线控制,温度场配合有

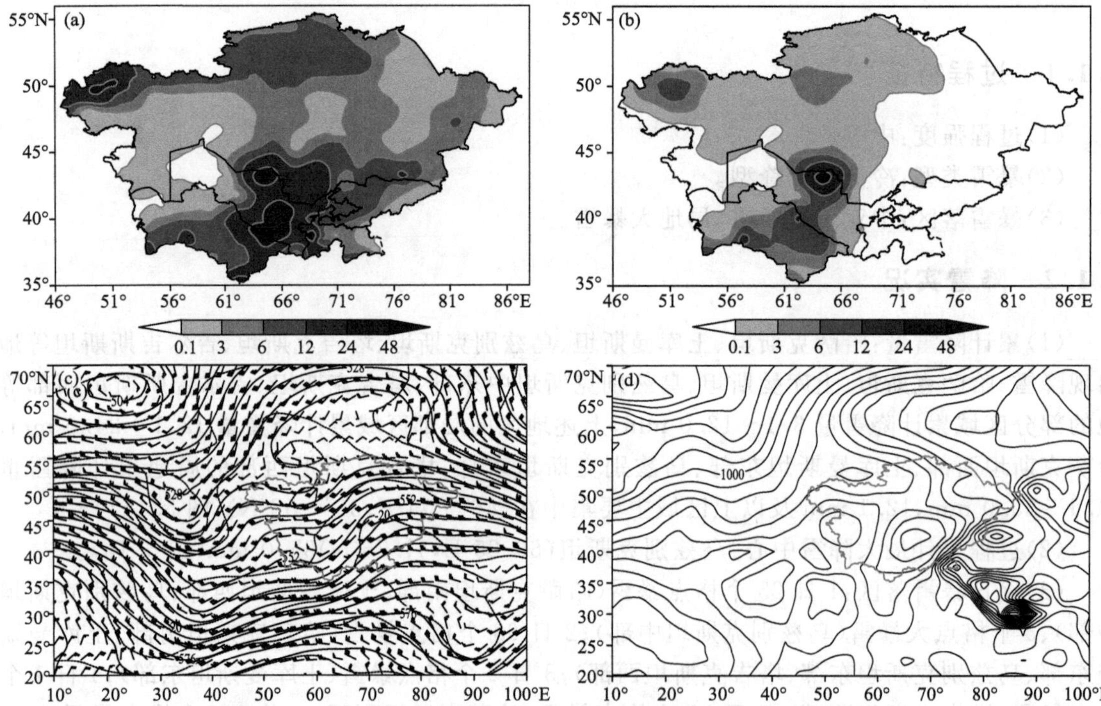

图 5.1　(a) 2013 年 2 月 1—5 日中亚地区累计降雪量(单位:mm);(b) 2 月 1 日(最强降雪日)降雪量(单位:mm);(c) 2 月 1 日 18 时 500 hPa 高度场(实线,单位:dagpm)、风场(风羽)和温度场(虚线,单位:℃);(d) 2 月 1 日 18 时海平面气压场(实线,单位:hPa);(e) 2 月 1 日 18 时 700 hPa 风场(风羽)和温度场(虚线,单位:℃);(f) 2 月 1 日 18 时 850 hPa 风场(风羽)和温度场(虚线,单位:℃)

−16 ℃的冷槽(图 5.1e)。

(4)850 hPa：1—3 日里海、咸海以北地区存在低涡系统，西南风与东南风的暖式切变线明显，偏南风达 12 m/s，引导暖湿气流北上，温度脊逐渐增强，中亚地区产生暖锋暴雪；4—5 日随系统东移，中亚地区受西北风与西南风的冷式切变线控制，西北风引导冷空气南下造成冷锋降雪(图 5.1f)。

(5)海平面气压：1 日低压中心位于里海、咸海以南地区(55°E，35°N)，中心强度为 1005.0 hPa，1030.0 hPa 高压中心位于中国南疆南部，南北压差 30.0 hPa 以上，低压系统东北上的过程中影响中亚南部；3 日中亚南部有小低压生成并继续东北上，造成暖锋暴雪，4—5 日上游冷高压东移控制中亚地区，后期为冷锋降雪(图 5.1d)。

5.2　1992 年 12 月 22—24 日暴雪过程

5.2.1　过程特征

(1)过程强度：中等。

(2)暴雪类型：暖锋型。

(3)暴雪落区：中亚南部暴雪、局地大暴雪。

5.2.2　降雪实况

(1)累计降雪量：哈萨克斯坦、土库曼斯坦、乌兹别克斯坦、塔吉克斯坦、吉尔吉斯斯坦出现降雪，哈萨克斯坦、土库曼斯坦、乌兹别克斯坦、塔吉克斯坦、吉尔吉斯斯坦西部等地的部分区域累计降雪量 3.1～12.0 mm，哈萨克斯坦南部和东部、土库曼斯坦、乌兹别克斯坦中东部、塔吉克斯坦、吉尔吉斯斯坦西部等地的局部区域累计降雪量 12.1～24.0 mm，哈萨克斯坦东南部、塔吉克斯坦、吉尔吉斯斯坦西部等地的局地累计降雪量 24.1～41.0 mm，12.1 mm 及以上区域主要集中在(57°—78°E，35°—45°N)(图 5.2a)。

(2)过程累计最大降雪中心：哈萨克斯坦(69.25°E，41.25°N)41.0 mm(图 5.2a)。

(3)逐日暴雪落区：22 日 31 个格点暴雪(土库曼斯坦北部、乌兹别克斯坦中部)、4 个格点大暴雪(乌兹别克斯坦中部)；23 日 53 个格点暴雪(哈萨克斯坦南部、土库曼斯坦东部、乌兹别克斯坦东部)、10 个格点大暴雪(哈萨克斯坦南部、乌兹别克斯坦东部)；24 日 22 个格点暴雪(哈萨克斯坦东南部、塔吉克斯坦、吉尔吉斯斯坦西部)。共 106 个格点暴雪、14 个格点大暴雪。

(4)日最大暴雪中心：哈萨克斯坦(69.25°E，41.25°N)23 日 34.4 mm，属大暴雪(图 5.2b)。

5.2.3　环流形势及特征量

5.2.3.1　环流形势

(1)500 hPa 环流："两脊一槽(涡)"型，欧洲中部和西西伯利亚至中亚东部为高压脊区，中亚地区为低压槽(涡)区，上游欧洲中部高压脊前冷空气南下造成低压槽发展为切断低涡，高压脊向东发展推动低涡逆时针旋转南压，低涡、低压槽前部西南急流影响中亚地区(图 5.2c)。

(2)影响系统：200 hPa 高空西南急流，500 hPa 中亚低压槽，850 hPa 西南低空急流、低压、切变线，地面低压。

5.2.3.2　特征量

(1)200 hPa:西南急流位于中亚地区南部,中心风速达 68 m/s(图 5.2c)。

(2)500 hPa:低涡中心(532 dagpm)位于里海地区北部,低压槽 572 dagpm 等高线南压至 20°N 以南,槽前最大西南风 34 m/s,位于(48°E,24°N)附近,低涡配合有 −32 ℃低温中心,−20 ℃等温线压至中亚西南部。

(3)700 hPa:中亚南部存在≥16 m/s 的偏西南急流(图 5.2e)。

(4)850 hPa:中亚西南部为低压中心,前部为≥12 m/s 的偏西南急流,存在气旋或切变(图 5.2f)。

(5)海平面气压:22 日阿拉伯半岛低压东移北上,地面暖低压中心强度为 1012.5 hPa,位于(70°E,45°N)附近,与位于中国新疆的 1032.5 hPa 冷高压形成 20.0 hPa 左右气压差,冷、暖气团间形成暖锋,并不断东移,造成中亚自西向东大范围暴雪(图 5.2d)。

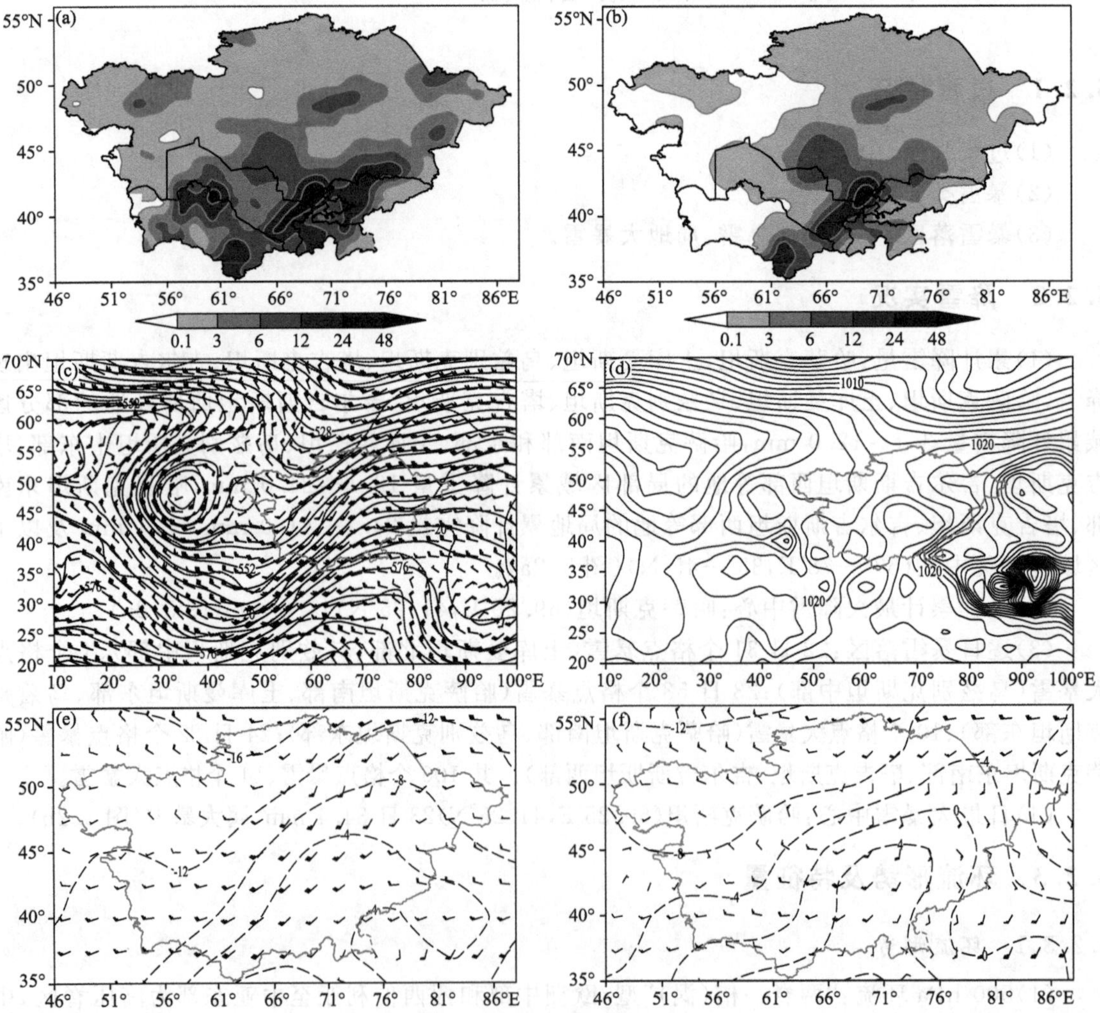

图 5.2　(a) 1992 年 12 月 22—24 日中亚地区累计降雪量(单位:mm);(b) 12 月 23 日(最强降雪日)降雪量(单位:mm);(c) 12 月 22 日 18 时 500 hPa 高度场(实线,单位:dagpm)、风场(风羽)和温度场(虚线,单位:℃);(d) 12 月 23 日 00 时海平面气压场(实线,单位:hPa);(e) 12 月 23 日 00 时 700 hPa 风场(风羽)和温度场(虚线,单位:℃);(f) 12 月 23 日 00 时 850 hPa 风场(风羽)和温度场(虚线,单位:℃)

5.3　2015 年 2 月 15—16 日暴雪过程

5.3.1　过程特征

(1)过程强度:中等。

(2)暴雪类型:冷锋型。

(3)暴雪落区:中亚南部暴雪、局地大暴雪。

5.3.2　降雪实况

(1)累计降雪量:哈萨克斯坦、土库曼斯坦、乌兹别克斯坦中东部、塔吉克斯坦、吉尔吉斯斯坦等地出现降雪,哈萨克斯坦南部、土库曼斯坦东部、乌兹别克斯坦东部、塔吉克斯坦、吉尔吉斯斯坦西部等地的部分区域累计降雪量 3.1～12.0 mm,上述地区的局部区域累计降雪量 12.1～24.0 mm,乌兹别克斯坦东部、塔吉克斯坦西部的局地累计降雪量 24.1～30.0 mm,12.1 mm 及以上区域主要集中在(59°—71°E,35°—43°N)(图 5.3a)。

(2)过程累计最大降雪中心:乌兹别克斯坦(67.75°E,39.25°N)30.0 mm(图 5.3a)。

(3)逐日暴雪落区:15 日 73 个格点暴雪(土库曼斯坦东部、乌兹别克斯坦东部、塔吉克斯坦西部);16 日 42 个格点暴雪(乌兹别克斯坦东部、塔吉克斯坦),3 个格点大暴雪(塔吉克斯坦西部)。共 115 个格点暴雪、3 个格点大暴雪。

(4)日最大暴雪中心:乌兹别克斯坦(67.75°E,39.25°N)16 日 26.2 mm,属大暴雪(图 5.3b)。

5.3.3　环流形势及特征量

5.3.3.1　环流形势

(1)500 hPa 环流:“两脊一槽”型,欧洲和中国新疆地区为高压脊区,里海、咸海地区为低压槽活动区,其中咸海地区存在短波扰动,里海地区存在低涡系统,受上游不稳定小槽侵袭,东欧弱高压脊向东南衰退,推动咸海低压槽和里海低涡相继东移北上,造成此次中亚降雪天气(图 5.3c)。

(2)影响系统:200 hPa 高空偏西急流,500 hPa 里海和咸海低压槽,850～700 hPa 切变线,地面冷高压、冷锋。

5.3.3.2　特征量

(1)200 hPa:偏西急流位于里海地区南部,中心风速达 60 m/s(中亚地区达 40 m/s)。

(2)500 hPa:槽前西南风≥24 m/s,低温中心≤－28 ℃。

(3)700 hPa:中亚地区存在西北风与西南风的冷式切变线,且切变线东移过程中西北风与西南风均增强(图 5.3e)。

(4)850 hPa:存在西北风与西南风的冷式切变线,风速偏小,但中亚南部存在等温线密集带,温度梯度逐渐增大(图 5.3f)。

(5)海平面气压:冷高压路径为西北。15 日高压主体位于西欧地区,中心强度为 1037.5

hPa,高压前部不断分裂冷空气东移南下,中亚地区的高压达 1020.0 hPa,高压东移过程中发展加强,16 日冷高压中心强度为 1042.5 hPa,位于(30°E,60°N)附近,高压前沿等压线密集,气压梯度大,冷高压东南部强地面冷锋控制中亚地区,造成中亚大范围暴雪(图 5.3d)。

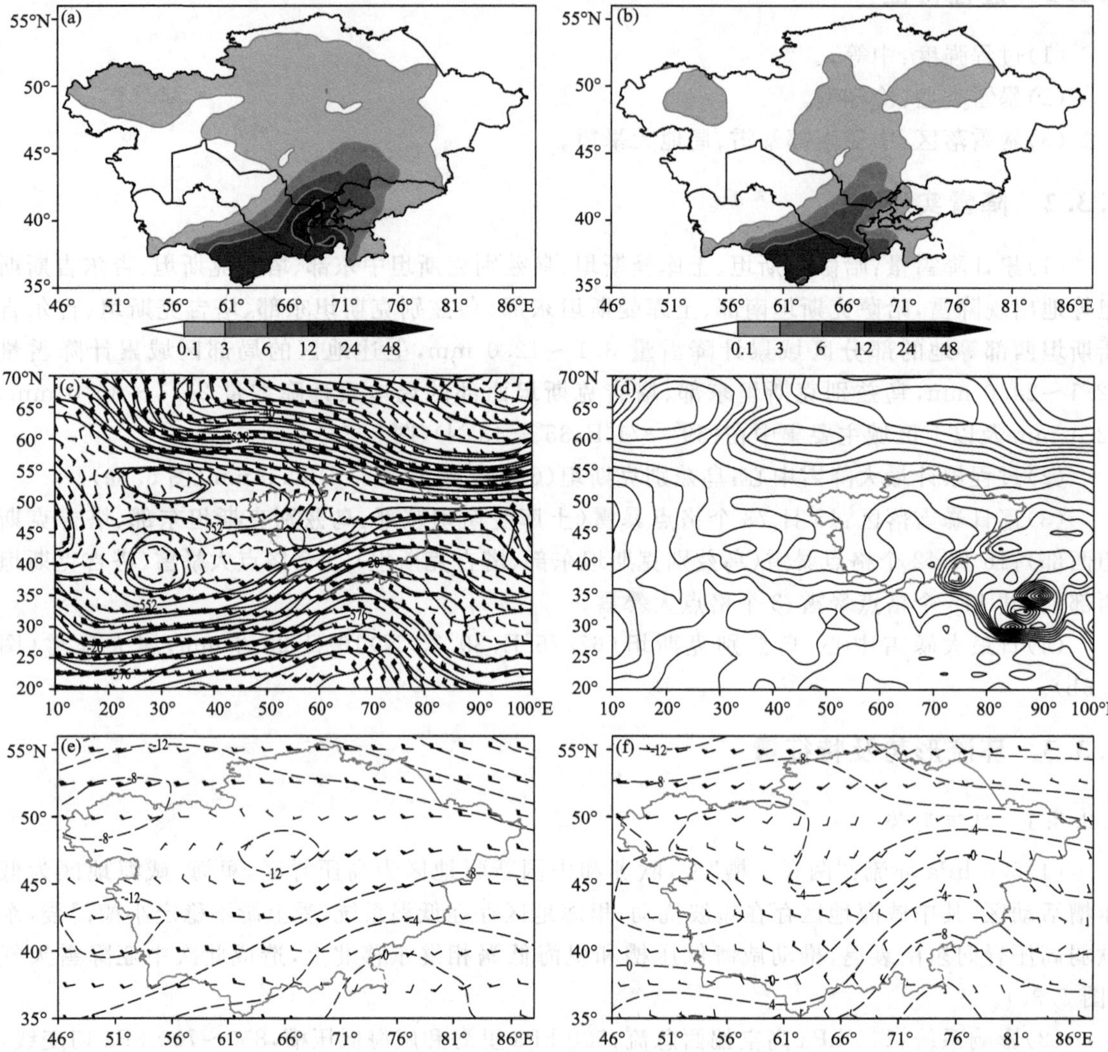

图 5.3　(a) 2015 年 2 月 15—16 日中亚地区累计降雪量(单位:mm);(b) 2 月 15 日(最强降雪日)降雪量(单位:mm);(c) 2 月 15 日 00 时 500 hPa 高度场(实线,单位:dagpm)、风场(风羽)和温度场(虚线,单位:℃);(d) 2 月 15 日 00 时海平面气压场(实线,单位:hPa);(e) 2 月 15 日 12 时 700 hPa 风场(风羽)和温度场(虚线,单位:℃);(f) 2 月 15 日 12 时 850 hPa 风场(风羽)和温度场(虚线,单位:℃)

5.4　2006 年 2 月 17—19 日暴雪过程

5.4.1　过程特征

(1)过程强度:中等。

(2)暴雪类型:暖锋型。

(3)暴雪落区:中亚南部暴雪、局地大暴雪。

5.4.2　降雪实况

(1)累计降雪量:哈萨克斯坦、土库曼斯坦、乌兹别克斯坦、塔吉克斯坦、吉尔吉斯斯坦等地出现降雪,上述地区的部分区域累计降雪量 3.1～12.0 mm,哈萨克斯坦西部南部、土库曼斯坦东部、乌兹别克斯坦东部、塔吉克斯坦西部、吉尔吉斯斯坦西部等地的局部区域累计降雪量 12.1～24.0 mm,哈萨克斯坦东南部、土库曼斯坦南部、乌兹别克斯坦东南部、塔吉克斯坦西部、吉尔吉斯斯坦西部的局地累计降雪量 24.1～37.0 mm,12.1 mm 及以上区域主要集中在(55°—75°E,35°—44°N)(图 5.4a)。

(2)过程累计最大降雪中心:乌兹别克斯坦(67.75°E,40.25°N)37.0 mm(图 5.4a)。

(3)逐日暴雪落区:17 日 47 个格点暴雪(哈萨克斯坦西部、土库曼斯坦东部、乌兹别克斯坦东部);18 日 36 个格点暴雪(哈萨克斯坦西部、土库曼斯坦东部南部、乌兹别克斯坦东部、塔吉克斯坦西部);19 日 25 个格点暴雪(哈萨克斯坦南部东部、吉尔吉斯斯坦)、2 个格点大暴雪(吉尔吉斯斯坦)。共 108 个格点暴雪、2 个格点大暴雪。

(4)日最大暴雪中心:塔吉克斯坦(73.25°E,41.25°N)19 日 27.7 mm,属大暴雪(图 5.4b)。

5.4.3　环流形势及特征量

5.4.3.1 环流形势

(1)500 hPa 环流:"两脊一槽(涡)"型,欧洲南部和中国新疆地区为两个高压脊区,黑海以南地区为低压槽活动区,上游欧洲南部高压脊发展,推动低压槽加深发展为低涡,受下游高压脊阻挡东北上,自西向东影响中亚地区(图 5.4c)。

(2)影响系统:200 hPa 高空西南急流,500 hPa 中亚低涡,850 hPa 切变线和低空急流,地面暖低压、暖锋。

5.4.3.2　特征量

(1)200 hPa:西南急流位于里海地区南部,中心风速达 68 m/s。

(2)500 hPa:低涡中心(536 dagpm)位于里海地区,低压槽 576 dagpm 等高线南压至 25°N 以南,槽前最大西南风 62 m/s,位于(50°E,30°N)附近,低涡配合有－36 ℃低温中心,－28 ℃等温线压至中亚北部。

(3)700 hPa:咸海附近存在低涡,咸海南部有≥16 m/s 的西北急流和≥24 m/s 的西南急流,存在风向切变(图 5.4e)。

(4)850 hPa:咸海附近存在低涡,咸海西南部有西北风和西南风切变线,出现≥12 m/s 的西南急流(图 5.4f)。

(5)海平面气压：位于里海附近的暖低压中心强度为 1005.0 hPa，同时中国新疆地区存在 1040.0 hPa 的冷高压，冷、暖空气交汇于中亚东部形成暖锋，强暖锋造成中亚大范围暴雪(图 5.4d)。

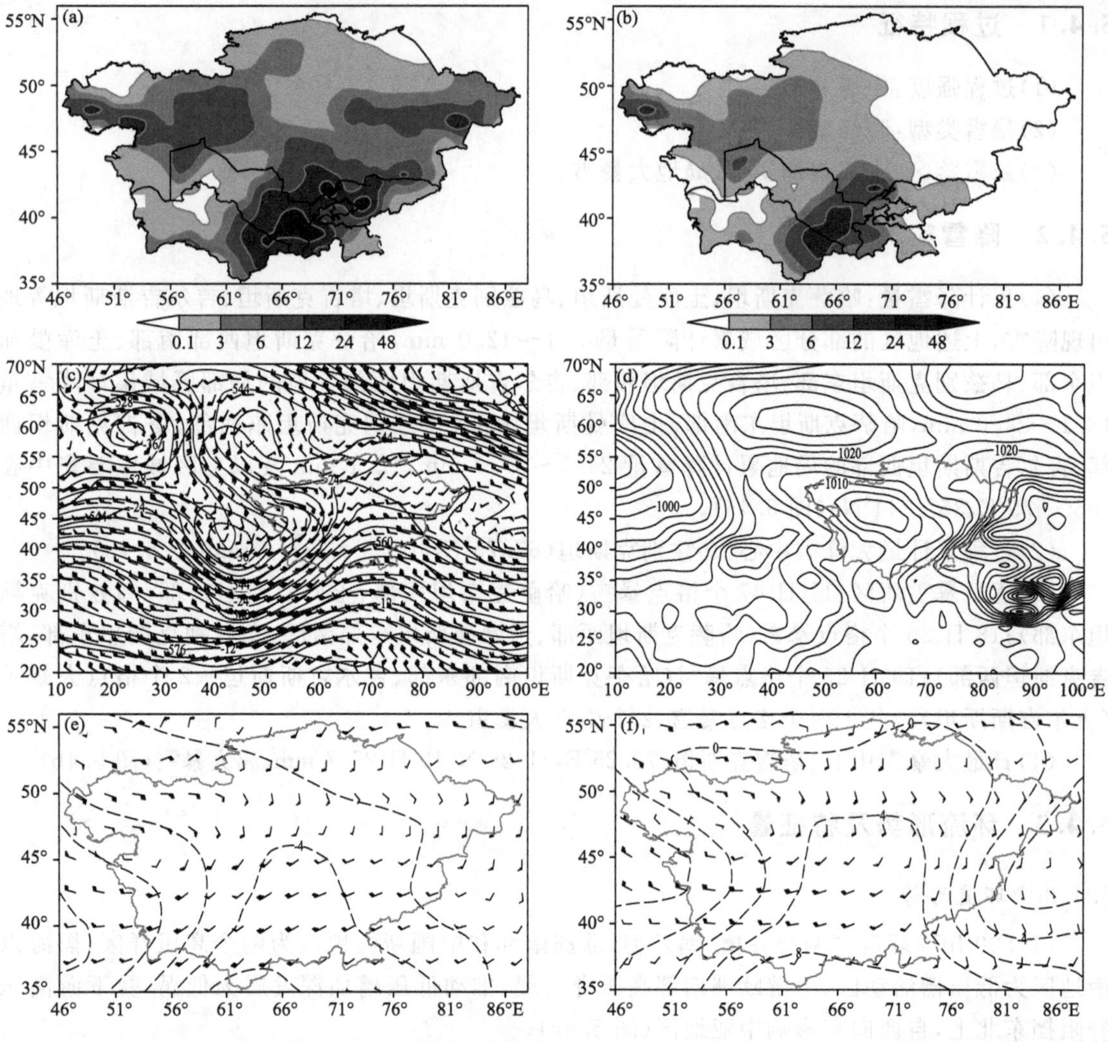

图 5.4　(a) 2006 年 2 月 17—19 日中亚地区累计降雪量(单位：mm)；(b) 2 月 17 日(最强降雪日)降雪量(单位：mm)；(c) 2 月 17 日 00 时 500 hPa 高度场(实线，单位：dagpm)、风场(风羽)和温度场(虚线，单位：℃)；(d) 2 月 17 日 00 时海平面气压场(实线，单位：hPa)；(e) 2 月 17 日 00 时 700 hPa 风场(风羽)和温度场(虚线，单位：℃)；(f) 2 月 17 日 00 时 850 hPa 风场(风羽)和温度场(虚线，单位：℃)

5.5　2015 年 2 月 11—13 日暴雪过程

5.5.1　过程特征

(1)过程强度：中等。

（2）暴雪类型：冷锋型。

（3）暴雪落区：中亚中部和南部暴雪、局地大暴雪。

5.5.2　降雪实况

（1）累计降雪量：哈萨克斯坦、土库曼斯坦、乌兹别克斯坦、塔吉克斯坦、吉尔吉斯斯坦等地出现降雪，哈萨克斯坦、土库曼斯坦、乌兹别克斯坦东部、塔吉克斯坦、吉尔吉斯斯坦等地的部分区域累计降雪量 3.1～12.0 mm，上述地区的局部区域累计降雪量 12.1～24.0 mm，哈萨克斯坦东部和南部、乌兹别克斯坦东部的局地累计降雪量 24.1～31.0 mm，12.1 mm 及以上区域主要集中在（56°—84°E，37°—51°N）（图 5.5a）。

（2）过程累计最大降雪中心：哈萨克斯坦（69.25°E，41.75°N）31.0 mm（图 5.5a）。

（3）逐日暴雪落区：11 日 7 个格点暴雪（哈萨克斯坦西部）；12 日 81 个格点暴雪（哈萨克斯坦南部和东部、乌兹别克斯坦东部、塔吉克斯坦、吉尔吉斯斯坦西部）、12 个格点大暴雪（哈萨克斯坦南部、乌兹别克斯坦东部）；13 日 6 个格点暴雪（哈萨克斯坦东部、土库曼斯坦东部、吉尔吉斯斯坦西部）。共 94 个格点暴雪，12 个格点大暴雪。

（4）日最大暴雪中心：哈萨克斯坦（69.25°E，41.75°N）12 日 29.4 mm，属大暴雪（图 5.5b）。

5.5.3　环流形势及特征量

5.5.3.1　环流形势

（1）500 hPa 环流："两脊一槽（涡）"型，欧洲和中国新疆地区为高压脊区，地中海地区为低涡活动区，随着欧洲高压脊发展，在南欧形成阻塞高压，脊前偏北风将冷空气向低涡底部输送，推动低涡缓慢东移减弱，中亚地区处在槽前西南气流控制之下，槽前正涡度平流及西南风对水汽的输送较强，造成此次中亚降雪天气（图 5.5c）。

（2）影响系统：200 hPa 高空偏西急流，500 hPa 地中海低涡，850～700 hPa 西南低空急流、切变线，地面冷高压、冷锋。

5.5.3.2　特征量

（1）200 hPa：偏西急流位于里海地区南部，中心风速达 66 m/s（中亚地区达 44 m/s）。

（2）500 hPa：低涡中心（536 dagpm）位于地中海地区，低压槽 568 dagpm 等高线南压至 25°N 以南，槽前最大西南风 48 m/s，低涡配合有－28 ℃低温中心，－20 ℃等温线压至中亚南部。

（3）700 hPa：中亚中部存在西北风与西南风的冷式切变线，西南风较强，达 16 m/s，且西北风逐渐增大，引导冷空气南下，温度槽逐渐南压（图 5.5e）。

（4）850 hPa：里海、咸海之间存在低涡系统，西北风与西南风之间冷式切变线明显，西北风引导冷空气南下，中亚地区等温线变密集，温度梯度加大，有利于冷锋锋生（图 5.5f）。

（5）海平面气压：高压以偏西路径东移。11 日冷高压控制欧洲地区，高压前沿东扩至中亚地区北部，中心强度为 1027.5 hPa，与中亚东部低压气压差达 15.0 hPa，高压东移过程中不断增强，12—13 日欧洲和中亚地区形成高压带，中心强度达 1032.5 hPa，高压东南部等压线密集，存在明显的气压梯度，强盛地面冷锋控制中亚南部地区，造成此次暴雪天气（图 5.5d）。

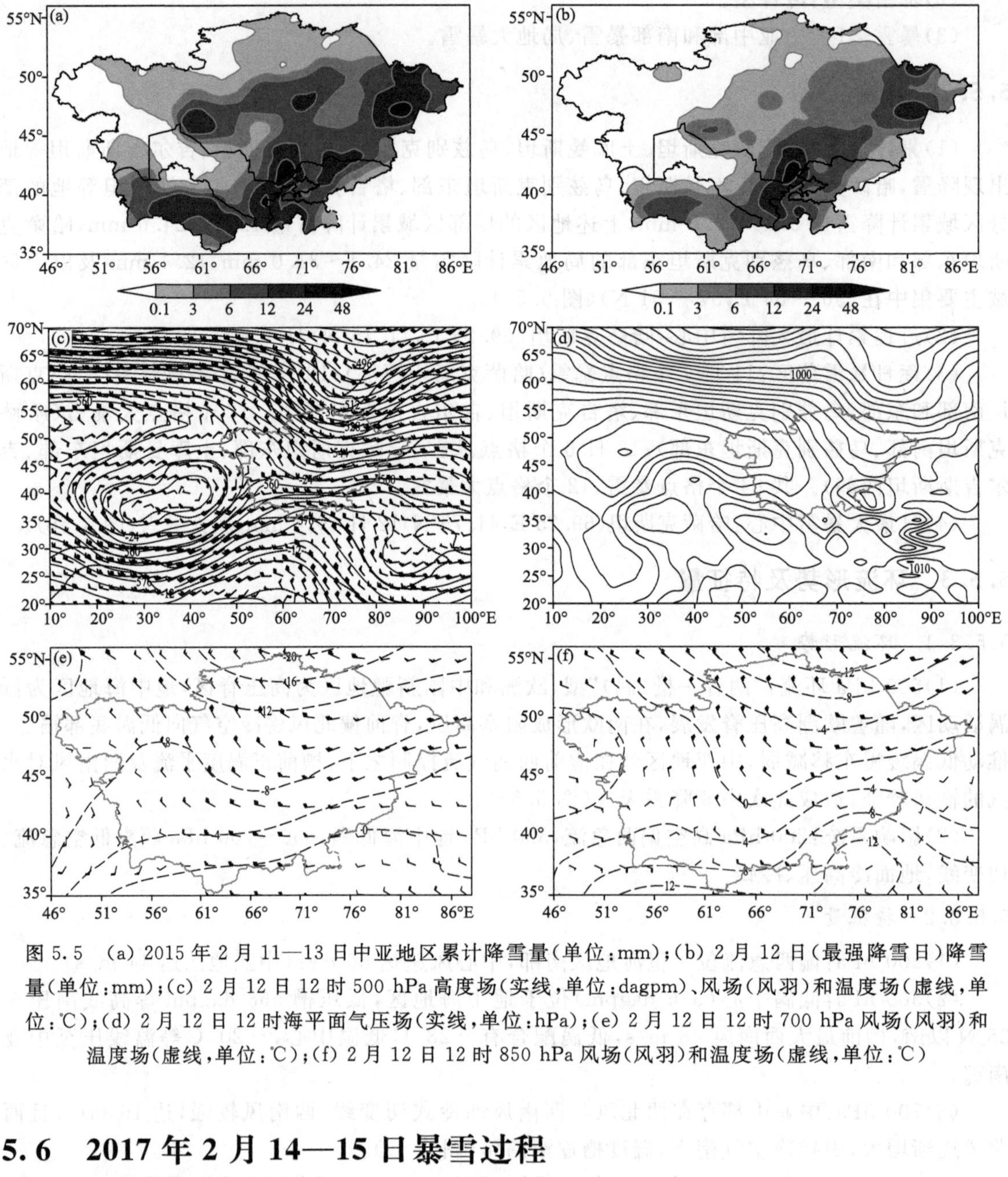

图 5.5　(a) 2015 年 2 月 11—13 日中亚地区累计降雪量(单位:mm);(b) 2 月 12 日(最强降雪日)降雪量(单位:mm);(c) 2 月 12 日 12 时 500 hPa 高度场(实线,单位:dagpm)、风场(风羽)和温度场(虚线,单位:℃);(d) 2 月 12 日 12 时海平面气压场(实线,单位:hPa);(e) 2 月 12 日 12 时 700 hPa 风场(风羽)和温度场(虚线,单位:℃);(f) 2 月 12 日 12 时 850 hPa 风场(风羽)和温度场(虚线,单位:℃)

5.6　2017 年 2 月 14—15 日暴雪过程

5.6.1　过程特征

(1)过程强度:中等。

(2)暴雪类型:冷锋型。

(3)暴雪落区:中亚南部暴雪、局地大暴雪。

5.6.2　降雪实况

(1)累计降雪量：哈萨克斯坦、土库曼斯坦、乌兹别克斯坦中东部、塔吉克斯坦、吉尔吉斯斯坦出现降雪，上述地区的部分区域累计降雪量 3.1～12.0 mm，哈萨克斯坦南部、土库曼斯坦、乌兹别克斯坦中东部、塔吉克斯坦、吉尔吉斯斯坦西部局地累计降雪量 12.1～24.0 mm，哈萨克斯坦南部、乌兹别克斯坦东部、塔吉克斯坦西部和中部局地累计降雪量 24.1～37.0 mm，12.1 mm 及以上区域主要集中在(56°—74°E，36°—44°N)(图 5.6a)。

(2)过程累计最大降雪中心：哈萨克斯坦(70.75°E，43.25°N)37.0 mm(图 5.6a)。

(3)逐日暴雪落区：14 日 88 个格点暴雪(哈萨克斯坦南部、土库曼斯坦中部和东部、乌兹

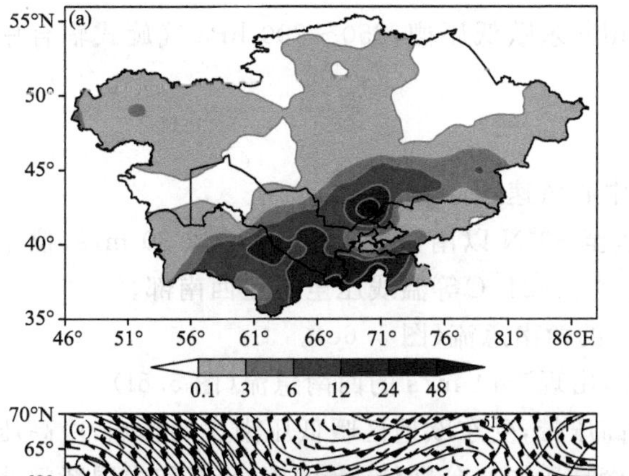

图 5.6　(a) 2017 年 2 月 14—15 日中亚地区累计降雪量(单位：mm)；(b) 2 月 14 日(最强降雪日)降雪量(单位：mm)；(c) 2 月 14 日 00 时 500 hPa 高度场(实线，单位：dagpm)、风场(风羽)和温度场(虚线，单位：℃)；(d) 2 月 14 日 06 时海平面气压场(实线，单位：hPa)；(e) 2 月 14 日 00 时 700 hPa 风场(风羽)和温度场(虚线，单位：℃)；(f) 2 月 14 日 06 时 850 hPa 风场(风羽)和温度场(虚线，单位：℃)

别克斯坦中东部、塔吉克斯坦西部、吉尔吉斯斯坦西部)、4个格点大暴雪(哈萨克斯坦南部、乌兹别克斯坦东部);15日8个格点暴雪(塔吉克斯坦)、3个格点大暴雪(塔吉克斯坦西部和中部)。共96个格点暴雪、7个格点大暴雪。

(4)日最大暴雪中心:哈萨克斯坦(70.75°E,43.25°N)15日32.6 mm,属大暴雪(图5.6b)。

5.6.3 环流形势及特征量

5.6.3.1 环流形势

(1)500 hPa环流:"两脊一槽"型,西欧和西西伯利亚地区为高压脊区,东欧至黑海地区为低压槽活动区,上游欧洲高压脊发展东扩,脊前北风带加强,引导北方冷空气向低压槽中补充,东欧至黑海地区的低压槽逆时针旋转南压,并东移影响中亚地区(图5.6c)。

(2)影响系统:200 hPa高空偏西急流、500 hPa东欧低压槽,850～700 hPa气旋式辐合中心、西南急流,地面冷高压、冷锋。

5.6.3.2 特征量

(1)200 hPa:偏西急流位于里海地区南部,中心风速达64 m/s。

(2)500 hPa:低压槽560 dagpm等高线南压至30°N以南,槽底最大偏西风30 m/s,位于(45°E,30°N)附近,低压槽配合有−32 ℃低温中心,−24 ℃等温线压至中亚西南部。

(3)700 hPa:伊朗至咸海南部出现≥24 m/s的西南急流(图5.6e)。

(4)850 hPa:咸海南部存在气旋式辐合中心,出现≥14 m/s的西南急流(图5.6f)。

(5)海平面气压:地中海至中国新疆北部为高压带,受东欧地区暖低压南压的影响,冷高压分裂为两个冷高压,1035.0 hPa和1037.0 hPa冷高压中心分别位于地中海北部和中国新疆北部;冷高压以偏西路径移动,东部冷高压中心强度为1037.0 hPa,位于(90.25°E,50.25°N)附近,与中国南疆盆地1017.0 hPa暖低压的压差20.0 hPa,强冷锋造成中亚大范围暴雪(图5.6d)。

5.7 2015年12月24—26日暴雪过程

5.7.1 过程特征

(1)过程强度:中等。

(2)暴雪类型:暖锋型。

(3)暴雪落区:中亚北部暴雪、局地大暴雪。

5.7.2 降雪实况

(1)累计降雪量:哈萨克斯坦、土库曼斯坦、乌兹别克斯坦、塔吉克斯坦和吉尔吉斯斯坦西部出现降雪,哈萨克斯坦和土库曼斯坦西部、塔吉克斯坦等地的部分区域累计降雪量3.1～12.0 mm,哈萨克斯坦局地累计降雪量12.1～24.0 mm,哈萨克斯坦南部和东部局地累计降雪量24.1～42.0 mm,12.1 mm及以上区域主要集中在(68°—83°E,42°—50°N)(图5.7a)。

(2)过程累计最大降雪中心:哈萨克斯坦(69.25°E,43.75°N)42.0 mm(图5.7a)。

(3)逐日暴雪落区:24日45个格点暴雪(哈萨克斯坦中东部)、2个格点大暴雪(哈萨克斯坦东部）（图 5.7b）；25 日 14 个格点暴雪（哈萨克斯坦东部）；26 日 34 个格点暴雪（哈萨克斯坦南部）、7 个格点大暴雪（哈萨克斯坦南部）。共 93 个格点暴雪、9 个格点大暴雪。

（4）日最大暴雪中心：哈萨克斯坦（69.25°E，43.75°N）26 日 32.8 mm，属大暴雪（图 5.7b）。

5.7.3　环流形势及特征量

5.7.3.1　环流形势

（1）500 hPa 环流："两脊一槽"型，西欧和中国新疆地区为高压脊区、东欧至西西伯利亚为宽广的低压槽活动区，槽底锋区强；上游西欧高压脊发展东北伸，25 日低压槽加深切涡后东移，低涡前强西南急流维持，槽底强锋区和槽前西南气流的先后影响造成此次暴雪天气（图 5.7c）。

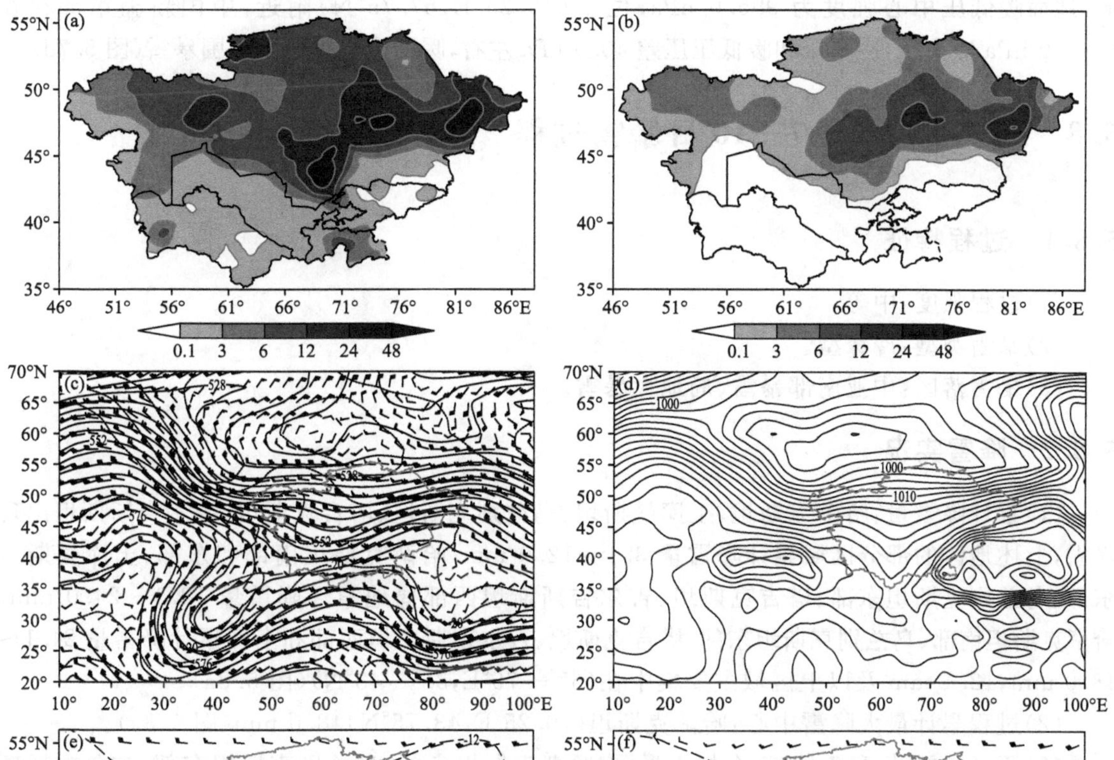

图 5.7　(a) 2015 年 12 月 24—26 日中亚地区累计降雪量（单位：mm）；(b) 12 月 24 日（最强降雪日）降雪量（单位：mm）；(c) 12 月 24 日 12 时 500 hPa 高度场（实线，单位：dagpm）、风场（风羽）和温度场（虚线，单位：℃）；(d) 12 月 24 日 06 时海平面气压场（实线，单位：hPa）；(e) 12 月 24 日 00 时 700 hPa 风场（风羽）和温度场（虚线，单位：℃）；(f) 12 月 24 日 00 时 850 hPa 风场（风羽）和温度场（虚线，单位：℃）

(2)影响系统:200 hPa 高空偏西气流,500 hPa 东欧至西西伯利亚低压槽,850～700 hPa 偏西或西南急流,地面暖低压、暖锋。

5.7.3.2　特征量

(1)200 hPa:偏西急流位于巴尔喀什湖北部,中心风速达 36 m/s。

(2)500 hPa:低压槽 524 dagpm 等高线南压至 55°N 以南,槽底最大偏西风 34 m/s,位于(78°E,50°N)附近,低压槽配合有－32 ℃低温中心,－28 ℃等温线压至中亚北部 50°N 附近。

(3)700 hPa:咸海至巴尔喀什湖北部为≥30 m/s 的偏西急流(图 5.7e)。

(4)850 hPa:巴尔喀什湖北部为≥22 m/s 的偏西南急流(图 5.7f)。

(5)海平面气压:东欧暖低压为偏西北路径,24—25 日东移南压加强,26 日减弱并东移北上,地面暖低压中心强度为 995.0 hPa,位于(55.25°E,57.75°N)附近,中国新疆东部存在 1040.0 hPa 冷高压,冷高压和暖低压压差 40.0 hPa 左右,暖锋造成中亚大范围暴雪(图 5.7d)。

5.8　2016 年 12 月 7—10 日暴雪过程

5.8.1　过程特征

(1)过程强度:中等。

(2)暴雪类型:冷锋型。

(3)暴雪落区:中亚南部暴雪、局地大暴雪。

5.8.2　降雪实况

(1)累计降雪量:哈萨克斯坦、土库曼斯坦、乌兹别克斯坦、塔吉克斯坦、吉尔吉斯斯坦出现降雪,上述地区的部分区域累计降雪量 3.1～12.0 mm,哈萨克斯坦南部和东部、土库曼斯坦东部、乌兹别克斯坦东部、塔吉克斯坦、吉尔吉斯斯坦西部局地累计降雪量 12.1～24.0 mm,哈萨克斯坦南部、乌兹别克斯坦东部、塔吉克斯坦、吉尔吉斯斯坦西部和南部累计降雪量 24.1～48.0 mm,12.1 mm 及以上区域主要集中在(67°—75°E,38°—43°N)(图 5.8a)。

(2)过程累计最大降雪中心:哈萨克斯坦(70.25°E,43.75°N)48.0 mm(图 5.8a)。

(3)逐日暴雪落区:7 日 35 个格点暴雪(哈萨克斯坦南部、乌兹别克斯坦东部、吉尔吉斯斯坦西部)、6 个格点大暴雪(哈萨克斯坦南部);8 日 12 个格点暴雪(乌兹别克斯坦东部、吉尔吉斯斯坦西部);9 日 5 个格点暴雪(哈萨克斯坦南部、吉尔吉斯斯坦西部);10 日 35 个格点暴雪(乌兹别克斯坦东部、塔吉克斯坦、吉尔吉斯斯坦南部)、6 个格点大暴雪(塔吉克斯坦西部)。共 87 个格点暴雪、12 个格点大暴雪。

(4)日最大暴雪中心:塔吉克斯坦(69.25°E,38.25°N)10 日 29.0 mm,属大暴雪(图 5.8b)。

5.8.3　环流形势及特征量

5.8.3.1　环流形势

(1)500 hPa 环流:“两脊一槽”型,西欧和中国新疆地区为高压脊区、乌拉尔山至中亚为低压槽活动区，随着上游高压脊东南落，推动乌拉尔山至中亚低压槽东移，在东移过程中分段，北段东移北上，移速快，南段东移影响中亚地区(图 5.8c)。

(2)影响系统：200 hPa 高空西南急流，500 hPa 乌拉尔山低压槽，850～700 hPa 偏西或西南急流，地面冷高压、冷锋。

5.8.3.2　特征量

(1)200 hPa：偏西南急流位于中国新疆南部，中心风速达 66 m/s。

(2)500 hPa：低涡中心(492 dagpm)位于东欧，低压槽 560 dagpm 等高线南压至 35°N 以南，槽底最大西南风 22 m/s，位于(60°E，35°N)附近，低涡配合有－40 ℃低温中心，－24 ℃等温线压至中亚南部。

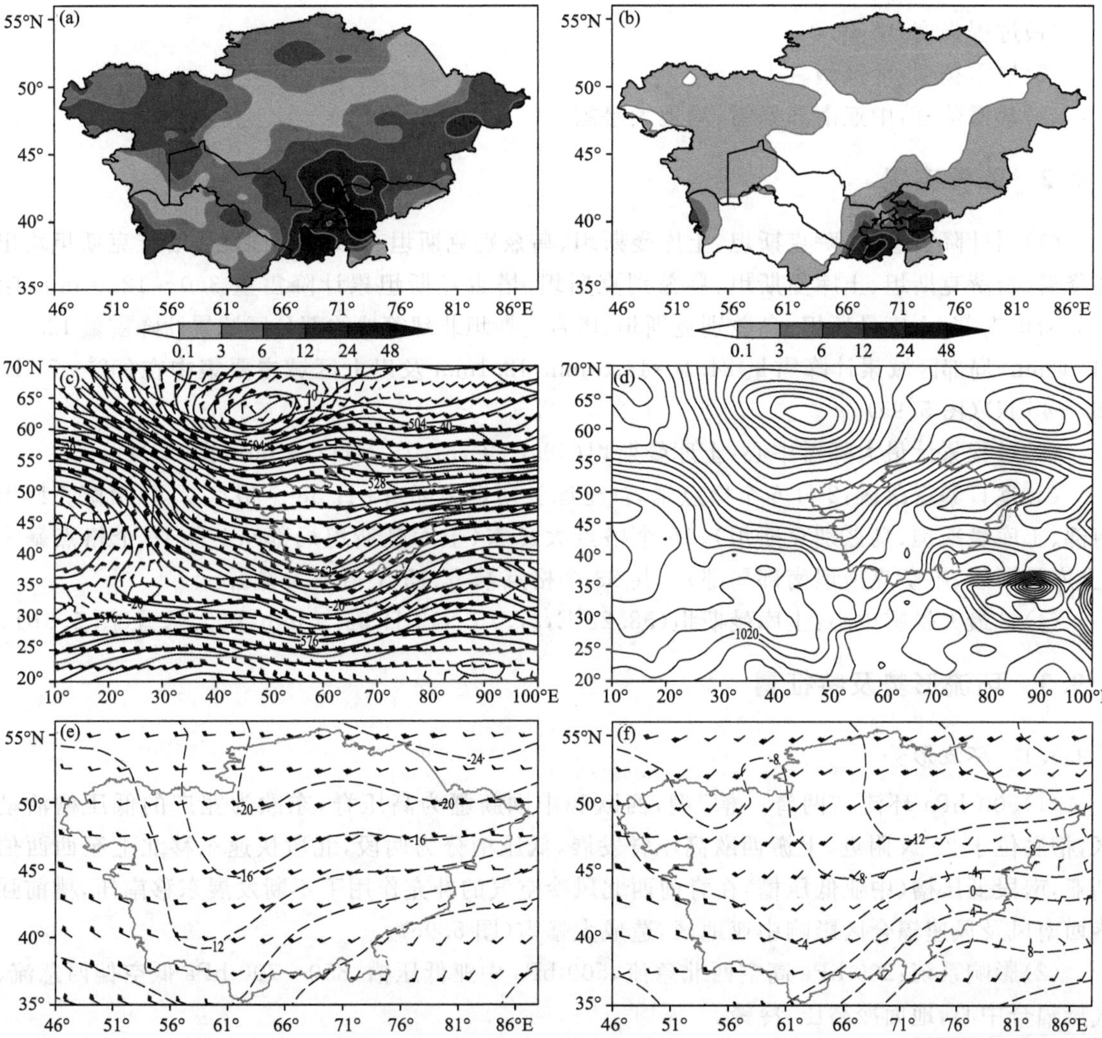

图 5.8　(a) 2016 年 12 月 7—10 日中亚地区累计降雪量(单位：mm)；(b) 12 月 10 日(最强降雪日)降雪量(单位：mm)；(c) 12 月 10 日 06 时 500 hPa 高度场(实线，单位：dagpm)、风场(风羽)和温度场(虚线，单位：℃)；(d) 12 月 10 日 00 时海平面气压场(实线，单位：hPa)；(e) 12 月 10 日 00 时 700 hPa 风场(风羽)和温度场(虚线，单位：℃)；(f) 12 月 10 日 06 时 850 hPa 风场(风羽)和温度场(虚线，单位：℃)

(3)700 hPa:巴尔喀什湖北部出现≥20 m/s 的偏西急流(图 5.8e)。

(4)850 hPa:巴尔喀什湖附近出现≥16 m/s 的西南急流(图 5.8f)。

(5)海平面气压:地中海至巴尔喀什湖为高压带,冷高压以偏西南路径移动,中心强度为 1027.0 hPa,位于(80.25°E,50.75°N)附近,与中国新疆西部 1010.0 hPa 暖低压的压差接近 20.0 hPa,冷高压前强冷锋造成中亚大范围暴雪(图 5.8d)。

5.9 2011 年 2 月 2—4 日暴雪过程

5.9.1 过程特征

(1)过程强度:中等。

(2)暴雪类型:冷锋型。

(3)暴雪落区:中亚南部暴雪、局地大暴雪。

5.9.2 降雪实况

(1)累计降雪量:哈萨克斯坦、土库曼斯坦、乌兹别克斯坦、吉尔吉斯斯坦、塔吉克斯坦均出现降雪,哈萨克斯坦、土库曼斯坦、乌兹别克斯坦、塔吉克斯坦累计降雪量 3.0～12.0 mm、哈萨克斯坦南部、土库曼斯坦、乌兹别克斯坦、塔吉克斯坦北部等地的部分区域累计降雪量 12.1～24.0 mm,局部区域累计降雪量 24.1～47.8 mm,12.1mm 及以上区域主要集中在(52°—71°E,35°—45°N)(图 5.9a)。

(2)过程累计最大降雪中心:土库曼斯坦(58.25°E,37.75°N)47.8 mm(图 5.9a)。

(3)逐日暴雪落区:2 日 6 个格点暴雪(土库曼斯坦南部);3 日 58 个格点暴雪(哈萨克斯坦南部、土库曼斯坦、乌兹别克斯坦)、15 个格点大暴雪(土库曼斯坦局部);4 日 19 个格点暴雪(土库曼斯坦、哈萨克斯坦南部局部)。共 83 个格点暴雪、15 个格点大暴雪。

(4)日最大暴雪中心:土库曼斯坦(58.25°E,37.75°N)3 日 35.9 mm,属大暴雪(图 5.9b)。

5.9.3 环流形势及特征量

5.9.3.1 环流形势

(1)500 hPa 环流:“两脊一槽”型,西欧和中国新疆为高压脊,东欧为宽广的低压槽活动区,槽底位于 20°N 附近,上游西欧高压脊发展,低压槽分为两段,北段快速东移北上至西西伯利亚,南段低压槽(中亚低压槽)在脊前西北风冷空气的补充作用下不断发展东移南压,槽前强盛西南风及风速辐合区影响中亚地区,造成大暴雪(图 5.9c)。

(2)影响系统:200 hPa 高空西北急流,500 hPa 中亚低压槽,850～700 hPa 低空偏西急流、气旋辐合中心,地面冷高压、冷锋。

5.9.3.2 特征量

(1)200 hPa:西北急流位于里海地区南部 25°—40°N 附近,中心风速 68 m/s。

(2)500 hPa:东欧低压槽配合有−32 ℃低温中心,−24 ℃等温线压至中亚西南部,槽底最大偏西风40 m/s(30°—35°N,45°—60°E)。

(3)700 hPa：3 日低压槽由欧洲东移至中亚上空，伊朗高原至中亚有≥24 m/s 的偏南急流，4 日哈萨克斯坦上空有气旋性辐合中心(图 5.9e)。

(4)850 hPa：(45°—60°E,30°—35°N)附近出现≥16 m/s 的西南急流，气旋性辐合中心由伊朗高原不断东移至中亚，中亚地区上空等温线密集，锋区明显(图 5.9f)。

(5)海平面气压：2 日欧洲地区为广阔的地面冷高压(中心 1030.0 hPa)控制，中亚地区为 1010.0 hPa 低压。随着冷空气不断侵入，2 日夜间在冷高压前端分裂出一小股冷高势力，中心强度达 1025.0 hPa，以偏西路径不断移动并发展至 1030.0 hPa，与 1005.0 hPa 的低压有 25.0 hPa 气压梯度，形成强冷锋，冷锋造成中亚西部大暴雪(图 5.9d)。

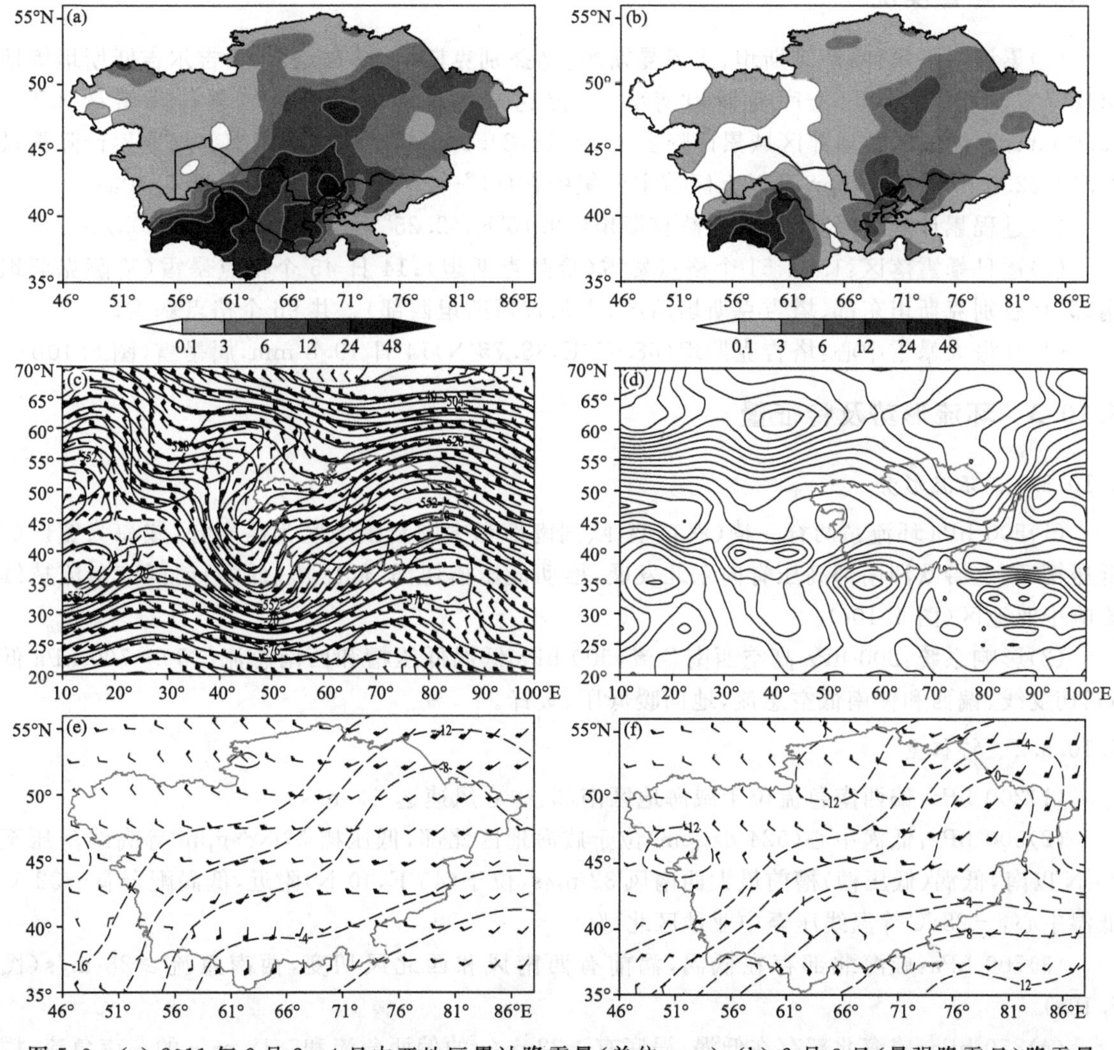

图 5.9　(a) 2011 年 2 月 2—4 日中亚地区累计降雪量(单位：mm)；(b) 2 月 3 日(最强降雪日)降雪量(单位：mm)；(c) 2 月 3 日 00 时 500 hPa 高度场(实线，单位：dagpm)、风场(风羽)和温度场(虚线，单位：℃)；(d) 2 月 3 日 06 时海平面气压场(实线，单位：hPa)；(e) 2 月 3 日 06 时 700 hPa 风场(风羽)和温度场(虚线，单位：℃)；(f) 2 月 3 日 06 时 850 hPa 风场(风羽)和温度场(虚线，单位：℃)

5.10 2004 年 12 月 13—14 日暴雪过程

5.10.1 过程特征

(1)过程强度:中等。

(2)暴雪类型:暖锋型。

(3)暴雪落区:中亚东南部和西北部暴雪。

5.10.2 降雪实况

(1)累计降雪量:哈萨克斯坦、土库曼斯坦、乌兹别克斯坦、塔吉克斯坦、吉尔吉斯斯坦等地出现降雪,哈萨克斯坦、土库曼斯坦南部、塔吉克斯坦等地的部分区域累计降雪量 3.1～12.0 mm,上述地区的局部区域累计降雪量 12.1～24.0 mm,土库曼斯坦南部局地累计降雪量 24.1～32.0 mm,12.1 mm 及以上区域主要集中在(62°—78°E,36°—51°N)(图 5.10a)。

(2)过程累计最大降雪中心:哈萨克斯坦(69.75°E,42.25°N)32.0 mm(图 5.10a)。

(3)逐日暴雪落区:13 日 51 个格点暴雪(哈萨克斯坦);14 日 45 个格点暴雪(哈萨克斯坦南部、乌兹别克斯坦东部、塔吉克斯坦西部、吉尔吉斯斯坦西部)。共 96 个格点暴雪。

(4)日最大暴雪中心:塔吉克斯坦(68.75°E,38.75°N)14 日 19.8 mm,属暴雪(图 5.10b)。

5.10.3 环流形势及特征量

5.10.3.1 环流形势

(1)500 hPa 环流:“两脊一槽(涡)”型,欧洲南部和中国新疆地区为高压脊,咸海为宽广的低压槽区,上游欧洲南部高压脊向东北发展,推动低压槽切涡,低压槽(低涡)前西南急流持续影响中亚地区(图 5.10c)。

(2)影响系统:200 hPa 高空西南急流,500 hPa 低涡低压槽和西南急流、850～700 hPa 低涡、切变线、偏西和偏南低空急流,地面暖低压、暖锋。

5.10.3.2 特征量

(1)200 hPa:偏西南急流位于咸海地区南部,中心风速达 74 m/s。

(2)500 hPa:低涡中心(524 dagpm)位于咸海地区北部,低压槽 576 dagpm 等高线南压至 25°N 以南,低涡(低压槽)槽前最大西南风 32 m/s,位于(45°E,40°N)附近,低涡配合有－32 ℃低温中心,－28 ℃等温线压至中亚地区北部。

(3)700 hPa:咸海北部存在低涡,涡前有西南风和西北风切变,西南急流≥28 m/s(图 5.10e)。

(4)850 hPa:咸海北部存在低涡,涡底有≥22 m/s 的偏西急流和≥18 m/s 的东南急流,槽底有明显冷平流,等温线密集,锋区明显(图 5.10f)。

(5)海平面气压:13 日咸海附近有 1015.0 hPa 的暖低压,北面西伯利亚地区高压中心强度 1035.0 hPa,南面中国青藏高原至帕米尔高原为高压,中心强度 1045.0 hPa,暖低压在东移北上过程中造成中亚大范围暴雪(图 5.10d)。

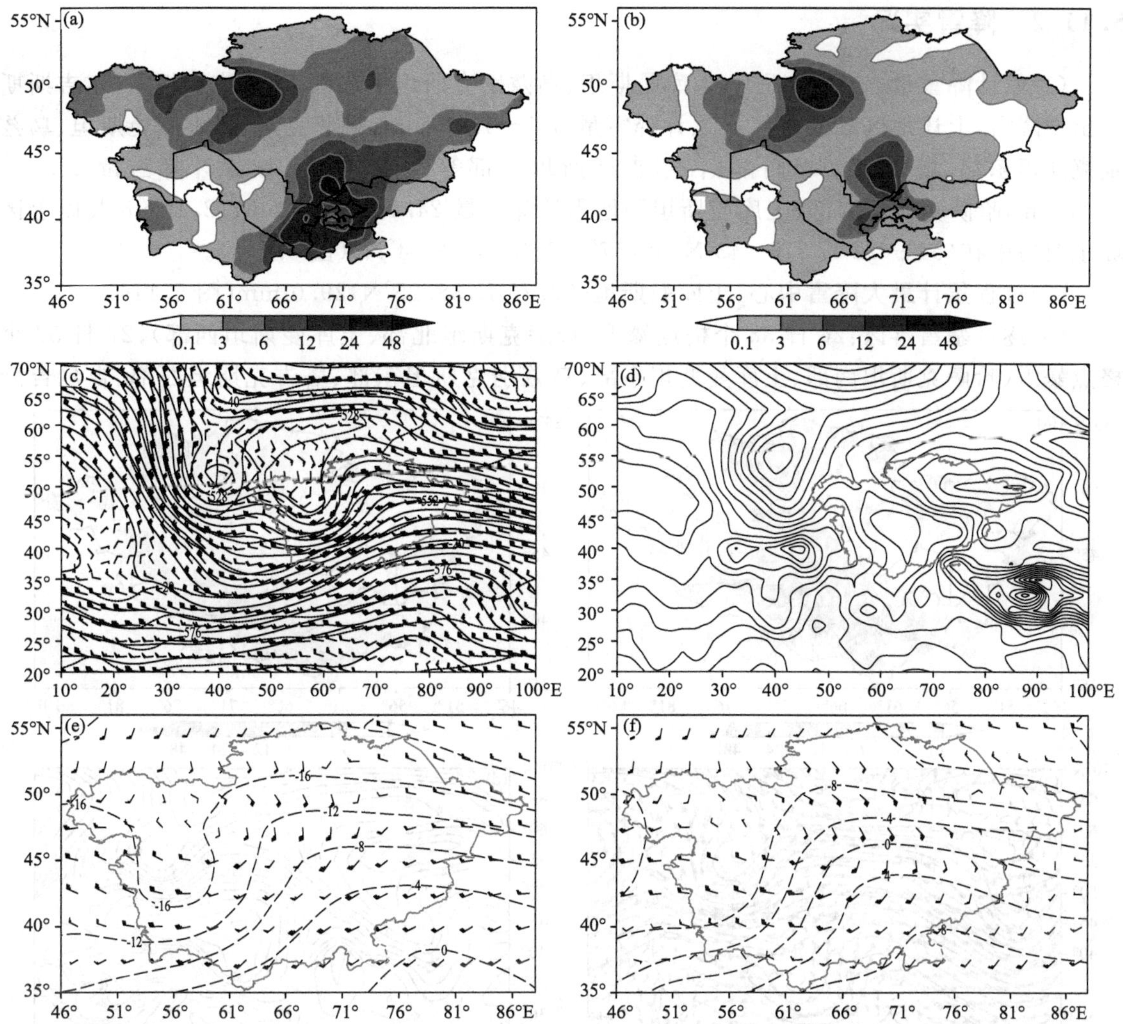

图 5.10　(a) 2004 年 12 月 13—14 日中亚地区累计降雪量(单位:mm);(b) 12 月 13 日(最强降雪日)降雪量(单位:mm);(c) 12 月 13 日 06 时 500 hPa 高度场(实线,单位:dagpm)、风场(风羽)和温度场(虚线,单位:℃);(d) 12 月 13 日 00 时海平面气压场(实线,单位:hPa);(e) 12 月 13 日 06 时 700 hPa 风场(风羽)和温度场(虚线,单位:℃);(f) 12 月 13 日 06 时 850 hPa 风场(风羽)和温度场(虚线,单位:℃)

5.11　2020 年 2 月 26—27 日暴雪过程

5.11.1　过程特征

(1)过程强度:中等。

(2)暴雪类型:冷锋型。

(3)暴雪落区:中亚西北部和南部暴雪。

5.11.2　降雪实况

(1)累计降雪量:哈萨克斯坦、土库曼斯坦、乌兹别克斯坦中东部、塔吉克斯坦、吉尔吉斯斯坦出现降雪,上述地区的部分区域累计降雪量 3.1～12.0 mm,哈萨克斯坦、土库曼斯坦、乌兹别克斯坦东部、塔吉克斯坦西部、吉尔吉斯斯坦西部等地的局部区域累计降雪量 12.1～24.0 mm,哈萨克斯坦南部、土库曼斯坦局地累计降雪量 24.1～29.0 mm,12.1 mm 及以上区域主要集中在(54°—72°E,37°—43°N)和(57°—72°E,49°—54°N)(图 5.11a)。

(2)过程累计最大降雪中心:土库曼斯坦(57.75°E,38.25°N)29.0 mm(图 5.11a)。

(3)逐日暴雪落区:26 日 38 个格点暴雪(哈萨克斯坦北部、土库曼斯坦西部);27 日 57 个格点暴雪(哈萨克斯坦南部、土库曼斯坦东部、乌兹别克斯坦东部、塔吉克斯坦西部、吉尔吉斯

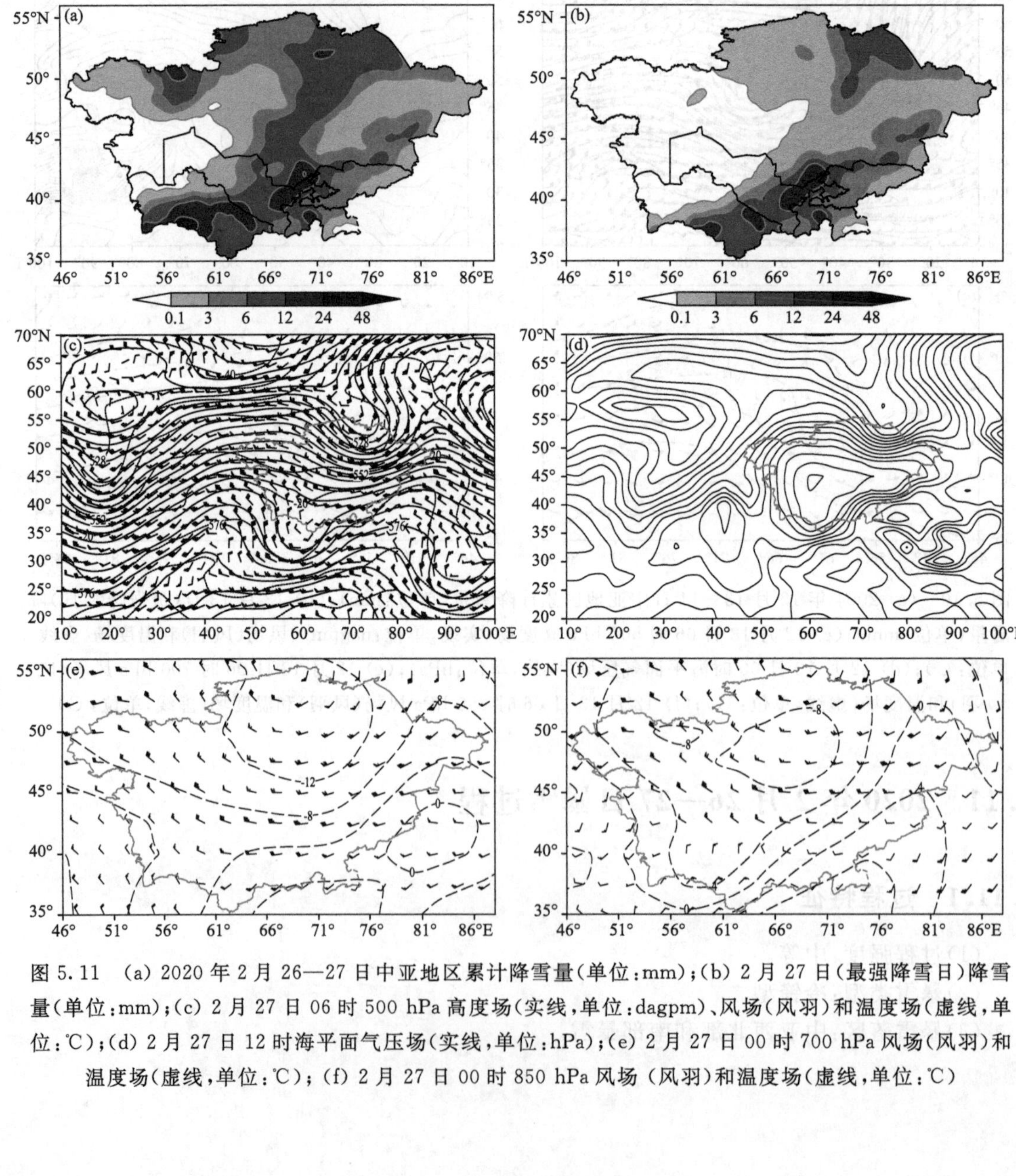

图 5.11　(a) 2020 年 2 月 26—27 日中亚地区累计降雪量(单位:mm);(b) 2 月 27 日(最强降雪日)降雪量(单位:mm);(c) 2 月 27 日 06 时 500 hPa 高度场(实线,单位:dagpm)、风场(风羽)和温度场(虚线,单位:℃);(d) 2 月 27 日 12 时海平面气压场(实线,单位:hPa);(e) 2 月 27 日 00 时 700 hPa 风场(风羽)和温度场(虚线,单位:℃);(f) 2 月 27 日 00 时 850 hPa 风场 (风羽)和温度场(虚线,单位:℃)

斯坦西部)。共95个格点暴雪。

(4)日最大暴雪中心:土库曼斯坦(57.75°E,38.25°N)26日22.7 mm,属暴雪(图5.11b)。

5.11.3 环流形势及特征量

5.11.3.1 环流形势

(1)500 hPa环流:“两脊两槽(涡)”型,地中海和伊朗至乌拉尔山地区为高压脊区,东欧至阿拉伯半岛和西西伯利亚为低压槽活动区,随着上游高压脊发展东移,东欧至阿拉伯半岛低压槽分为两段,北段快速减弱东移造成中亚北部降雪天气,南段减弱东移北上造成中亚南部暴雪天气(图5.11c)。

(2)影响系统:200 hPa高空西南气流,500 hPa东欧至阿拉伯半岛低压槽,850～700 hPa切变线(气旋式辐合中心)、低空偏西急流,地面冷高压、冷锋。

5.11.3.2 特征量

(1)200 hPa:西南急流位于巴尔喀什湖附近,中心风速达36 m/s。

(2)500 hPa:低压槽564 dagpm等高线南压至45°N以南,槽底最大偏西风30 m/s,位于(75°E,48°N)附近,低压槽配合有−28 ℃低温中心,−20 ℃等温线压至中亚南部。

(3)700 hPa:咸海至巴尔喀什湖和伊朗高原存在西北风和西南风的冷式切变线,咸海南部出现≥22 m/s的偏西急流(图5.11e)。

(4)850 hPa:咸海至巴尔喀什湖存在西北风和西南风的冷式切变线,伊朗高原附近存在气旋式辐合中心,咸海附近出现≥24 m/s的偏西急流(图5.11f)。

(5)海平面气压:冷高压以偏西路径移动,在东移过程中有所加强,26日位于里海西部(44.25°E,40.25°N),中心强度为1030.0 hPa;27日冷高压分裂为两个中心,分别位于里海西部(43.75°E,40.25°N)和咸海(60.25°E,40.25°N),中心强度分别为1032.0 hPa和1030.0 hPa,与南部暖低压气压差接近20.0 hPa,强冷锋造成中亚大范围暴雪(图5.11d)。

5.12 2003年12月21—22日暴雪过程

5.12.1 过程特征

(1)过程强度:中等。

(2)暴雪类型:冷锋型。

(3)暴雪落区:中亚东南部暴雪、局地大暴雪。

5.12.2 降雪实况

(1)累计降雪量:哈萨克斯坦东部、土库曼斯坦、乌兹别克斯坦东部、塔吉克斯坦、吉尔吉斯斯坦等地出现小雪,哈萨克斯坦南部、乌兹别克斯坦东部、塔吉克斯坦、吉尔吉斯斯坦等地的部分区域累计降雪量3.1～12.0 mm,上述地区的局部区域累计降雪量12.1～24.0 mm,哈萨克斯坦南部局地累计降雪量24.1～31.0 mm,12.1 mm及以上区域主要集中在(67°—76°E,38°—45°N)(图5.12a)。

(2)过程累计最大降雪中心:哈萨克斯坦(69.25°E,42.75°N)31.0 mm(图 5.12a)。

(3)逐日暴雪落区:21 日 45 个格点暴雪(哈萨克斯坦南部、乌兹别克斯坦东部)、5 个格点大暴雪(哈萨克斯坦南部);22 日 40 个格点暴雪(塔吉克斯坦、吉尔吉斯斯坦中部)。共 85 个格点暴雪、5 个格点大暴雪。

(4)日最大暴雪中心:哈萨克斯坦(69.25°E,42.75°N)21 日 27.1 mm,属大暴雪(图 5.12b)。

5.12.3 环流形势及特征量

5.12.3.1 环流形势

(1)500 hPa 环流:"两脊一涡"型,过程前期 19 日欧洲南部和中亚地区为高压脊区,地中

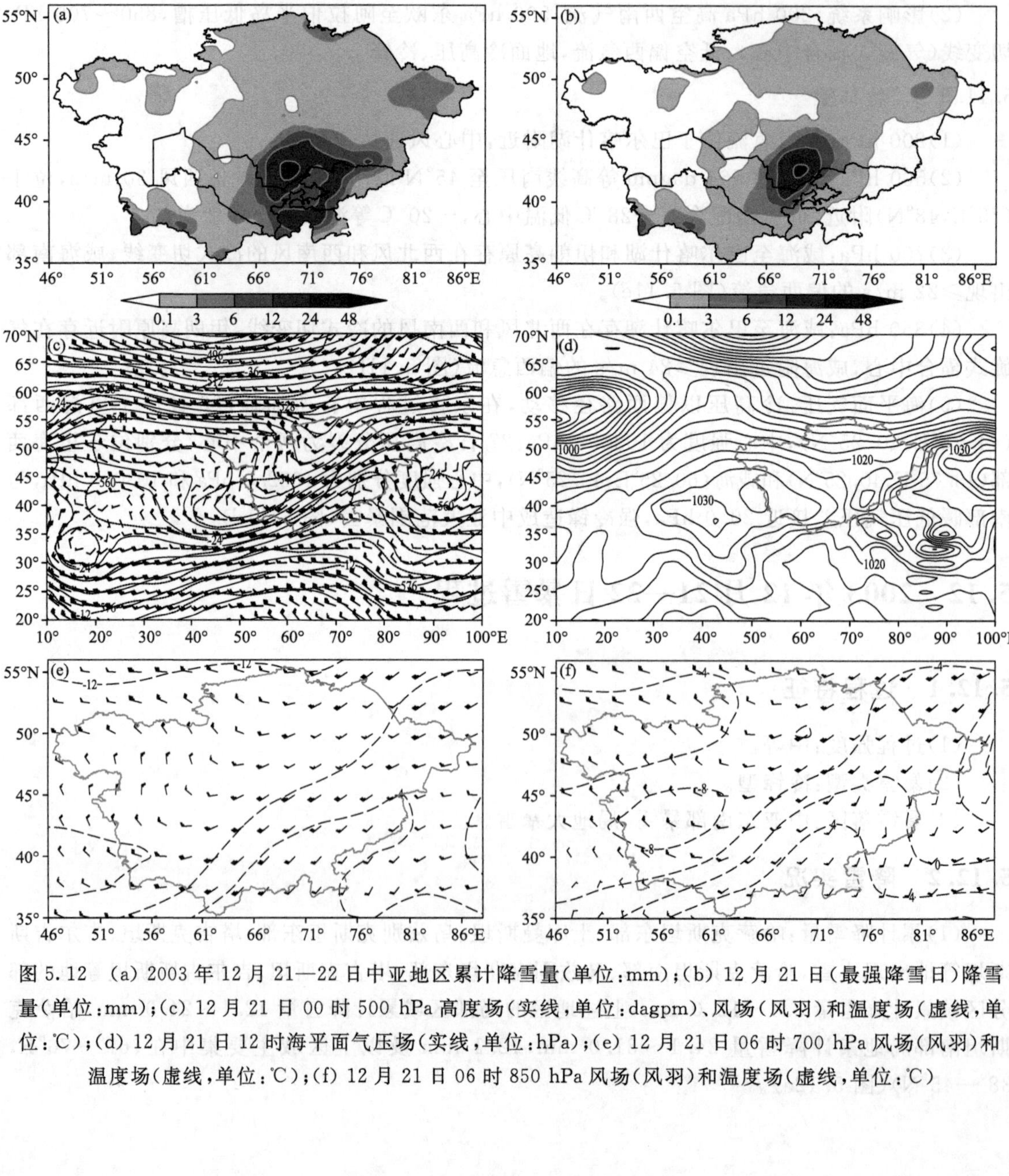

图 5.12 (a) 2003 年 12 月 21—22 日中亚地区累计降雪量(单位:mm);(b) 12 月 21 日(最强降雪日)降雪量(单位:mm);(c) 12 月 21 日 00 时 500 hPa 高度场(实线,单位:dagpm)、风场(风羽)和温度场(虚线,单位:℃);(d) 12 月 21 日 12 时海平面气压场(实线,单位:hPa);(e) 12 月 21 日 06 时 700 hPa 风场(风羽)和温度场(虚线,单位:℃);(f) 12 月 21 日 06 时 850 hPa 风场(风羽)和温度场(虚线,单位:℃)

海为低涡活动区，20—21 日上游欧洲南部高压脊向东南衰退，推动低涡减弱成槽东移，受下游高压脊阻挡，东移北上影响中亚地区(图 5.12c)。

(2)影响系统：200 hPa 高空偏西急流，500 hPa 中亚低压槽和偏西急流，850～700 hPa 切变线、西南低空急流，地面冷高压、冷锋。

5.12.3.2　特征量

(1)200 hPa：偏西急流位于里海地区南部，中心风速达 72 m/s。

(2)500 hPa：低压槽位于里海地区，564 dagpm 等高线南压至 30°N 以南，槽前最大西南风 36 m/s，位于(35°E,30°N)附近，低涡配合有－28 ℃低温中心，－20 ℃等温线压至中亚北部。

(3)700 hPa：里海至巴尔喀什湖之间存在西北风和西南风的切变线，里海南部至巴尔喀什湖有≥24 m/s 的西南急流(图 5.12e)。

(4)850 hPa：里海至巴尔喀什湖之间存在西北风和西南风的切变线，咸海南部至巴尔喀什湖有≥16 m/s 的西南急流(图 5.12f)。

(5)海平面气压：黑海附近冷高压以偏西路径移动，在东移过程不断增强，中心强度为 1035.0 hPa，冷高压前强冷锋造成中亚大范围暴雪(图 5.12d)。

5.13　2010 年 1 月 5—7 日暴雪过程

5.13.1　过程特征

(1)过程强度：中等。

(2)暴雪类型：冷锋型。

(3)暴雪落区：中亚西部和东部暴雪。

5.13.2　降雪实况

(1)累计降雪量：哈萨克斯坦、土库曼斯坦南部、乌兹别克斯坦西部、塔吉克斯坦、吉尔吉斯斯坦出现降雪，哈萨克斯坦、乌兹别克斯坦西部、吉尔吉斯斯坦等地的部分区域累计降雪量 3.1～12.0 mm，上述地区的局部区域累计降雪量 12.1～24.0 mm，哈萨克斯坦东部和西部局地累计降雪量 24.1～43.1 mm，12.1 mm 及以上区域主要集中在(52°—64°E,43°—48°N)和(71°—86°E,46°—49°N)(图 5.13a)。

(2)过程累计最大降雪中心：哈萨克斯坦(81.75°E,47.25°N)43.1 mm(图 5.13a)。

(3)逐日暴雪落区：5 日 46 个格点暴雪(哈萨克斯坦西部)；6 日 38 个格点暴雪(哈萨克斯坦中部、吉尔吉斯斯坦北部)；7 日 2 个格点暴雪(哈萨克斯坦东部)。共 86 个格点暴雪。

(4)日最大暴雪中心：哈萨克斯坦(55.75°E,45.75°N)5 日 19.0 mm，属暴雪(图 5.13b)

5.13.3　环流形势及特征量

5.13.3.1　环流形势

(1)500 hPa 环流："纬向型"，5 日西欧为低涡活动区，西西伯利亚地区为高压脊区，中纬度为纬向环流 5—7 日欧洲低涡逆时针旋转时其外围中纬度短波不断东移北上，中纬度短波与西退的西伯利亚低涡底部锋区相遇，形成风速辐合区，造成中亚西部和东部暴雪(图 5.13c)。

(2)影响系统：200 hPa 高空偏西急流，500 hPa 中纬度短波，850～700 hPa 西南低空急流、气旋式辐合中心，地面冷高压、冷锋。

5.13.3.2 特征量

(1)200 hPa：西风急流强盛，控制(10°—100°E，20°—45°N)，中心风速≥48 m/s。

(2)500 hPa：巴伦支海低涡配合有－40 ℃低温中心，中纬度低压槽前西南急流≥24 m/s；7 日中亚东南部有 20 m/s 偏西风区，－24 ℃等温线控制哈萨克斯坦地区东南部(图 5.13c)。

(3)700 hPa：里海、咸海至巴尔喀什湖一线西南急流区中心风速≥24 m/s，咸海上空有气旋式风场辐合中心、西风和西南风切变线(图 5.13e)。

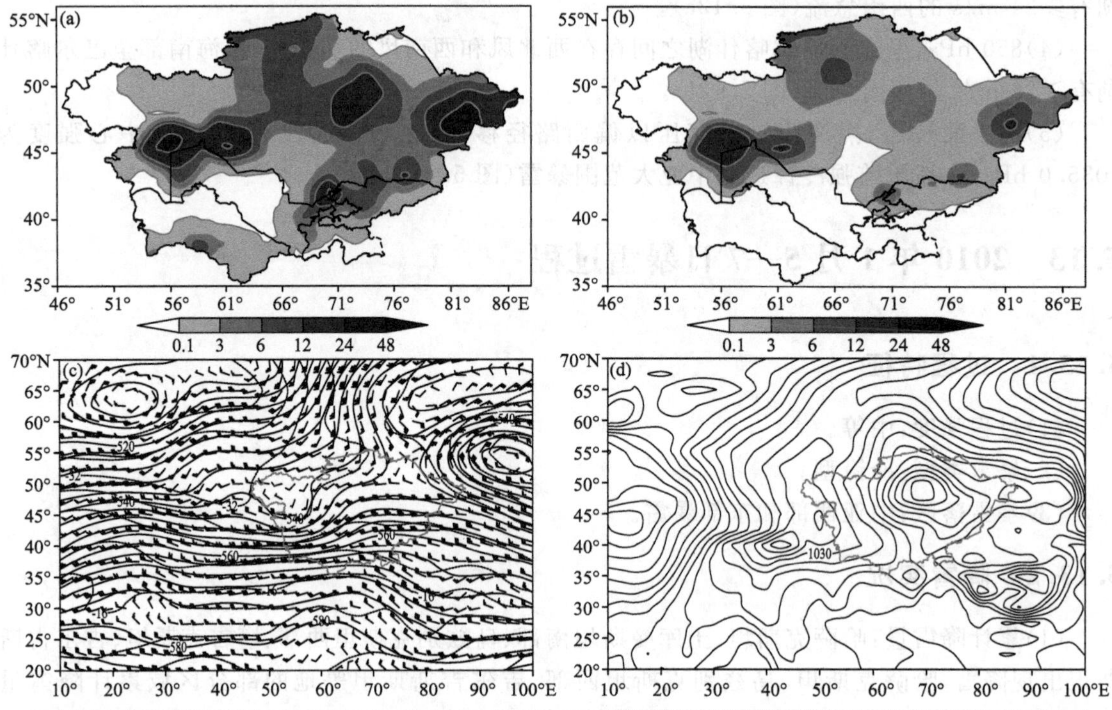

图 5.13 (a) 2010 年 1 月 5—7 日中亚地区累计降雪量(单位：mm)；(b) 1 月 5 日(最强降雪日)降雪量(单位：mm)；(c) 1 月 5 日 12 时 500 hPa 高度场(实线，单位：dagpm)、风场(风羽)和温度场(虚线，单位：℃)；(d) 1 月 6 日 06 时海平面气压场(实线，单位：hPa)；(e) 1 月 5 日 18 时 700 hPa 风场(风羽)和温度场(虚线，单位：℃)；(f) 1 月 5 日 18 时 850 hPa 风场(风羽)和温度场(虚线，单位：℃)

(4)850 hPa:中纬度低压槽不断东移过程中在咸海上空发展为气旋式辐合中心,槽前有西北风与西南风冷式切变线,中亚西部至南部急流中心≥20 m/s(图 5.13f)。

(5)海平面气压:5 日中心强度 1030.0 hPa 的黑海地面冷高压不断东移北上至里海地区,推动里海暖低压东移,冷、暖空气交汇于中亚西部形成冷锋,冷锋不断东移北上造成中亚西部和东部暴雪天气(图 5.13d)。

5.14　2013 年 1 月 11—12 日暴雪过程

5.14.1　过程特征

(1)过程强度:中等。

(2)暴雪类型:冷锋型。

(3)暴雪落区:中亚南部暴雪、局地大暴雪。

5.14.2　降雪实况

(1)累计降雪量:中亚五国均出现降雪,部分地区累计降雪量 3.1～12.0 mm,哈萨克斯坦南部、土库曼斯坦、乌兹别克斯坦南部累计降雪量 12.1～24.0 mm,局部区域 24.1～29.1 mm,12.1 mm 及以上区域主要集中在(65°—73°E,36°—42°N)(图 5.14a)。

(2)过程累计最大降雪中心:乌兹别克斯坦(68.75°E,38.75°N)29.1 mm(图 5.14a)。

(3)逐日暴雪落区:11 日 40 个格点暴雪(土库曼斯坦、乌兹别克斯坦南部);12 日 41 个格点暴雪(哈萨克斯坦南部、乌兹别克斯坦南部)、1 个格点大暴雪(乌兹别克斯坦)。共 81 个格点暴雪、1 个格点大暴雪。

(4)日最大暴雪中心:乌兹别克斯坦(68.75°E,38.75°N)12 日 27.3 mm,属大暴雪(图 5.14b)。

5.14.3　环流形势及特征量

5.14.3.1　环流形势

(1)500 hPa 环流:“两脊两槽(涡)”型,中亚至伊朗地区为低压槽活动区,哈萨克斯坦为高压脊区。11 日西欧低涡有所南压,东欧高压脊发展北挺,经向发展,推动伊朗低压槽东移北上影响中亚地区,造成中亚暴雪(图 5.14c)。

(2)影响系统:200 hPa 高空偏西急流,500 hPa 伊朗低压槽,850～700 hPa 西南低空急流、气旋式辐合中心,地面冷高压、冷锋。

5.14.3.2　特征量

(1)200 hPa:高空偏西急流位于(40°—90°E,20°—45°N),急流最大中心达 80 m/s,急流轴位于中亚地区上空。

(2)500 hPa:低涡配合有 −32 ℃低温中心,568 dagpm 等高线南压至 30°N,槽底最大偏西风 44 m/s,中亚上空有西南急流。

(3)700 hPa:伊朗高原至中亚上空为低压槽活动区,槽前西南急流中心≥24 m/s,低压槽东移北上过程中影响中亚地区(图 5.14e)。

(4)850 hPa:11 日伊朗至中亚西部出现≥16 m/s 的西南急流,存在西风和西南风切变线,西南风不断输送暖平流,风速辐合区和温度脊在中亚上空。12 日西北风发展加强,在中亚上空形成气旋式风场,偏西风加强,风速中心≥28 m/s,偏西风和西南风切变线位于中亚南部地区(图 5.14f)。

(5)海平面气压:哈萨克斯坦为地面低压区,伊朗地区为地面高压,随着 850 hPa 不断输入暖平流,地面低压不断加强至 1000.0 hPa,地面冷高压不断东移北上,12 日伊朗冷高压前端分裂形成 1035.0 hPa 冷高压,冷高压在冷空气引导下不断北上,在中亚地区形成冷锋暴雪(图 5.14d)。

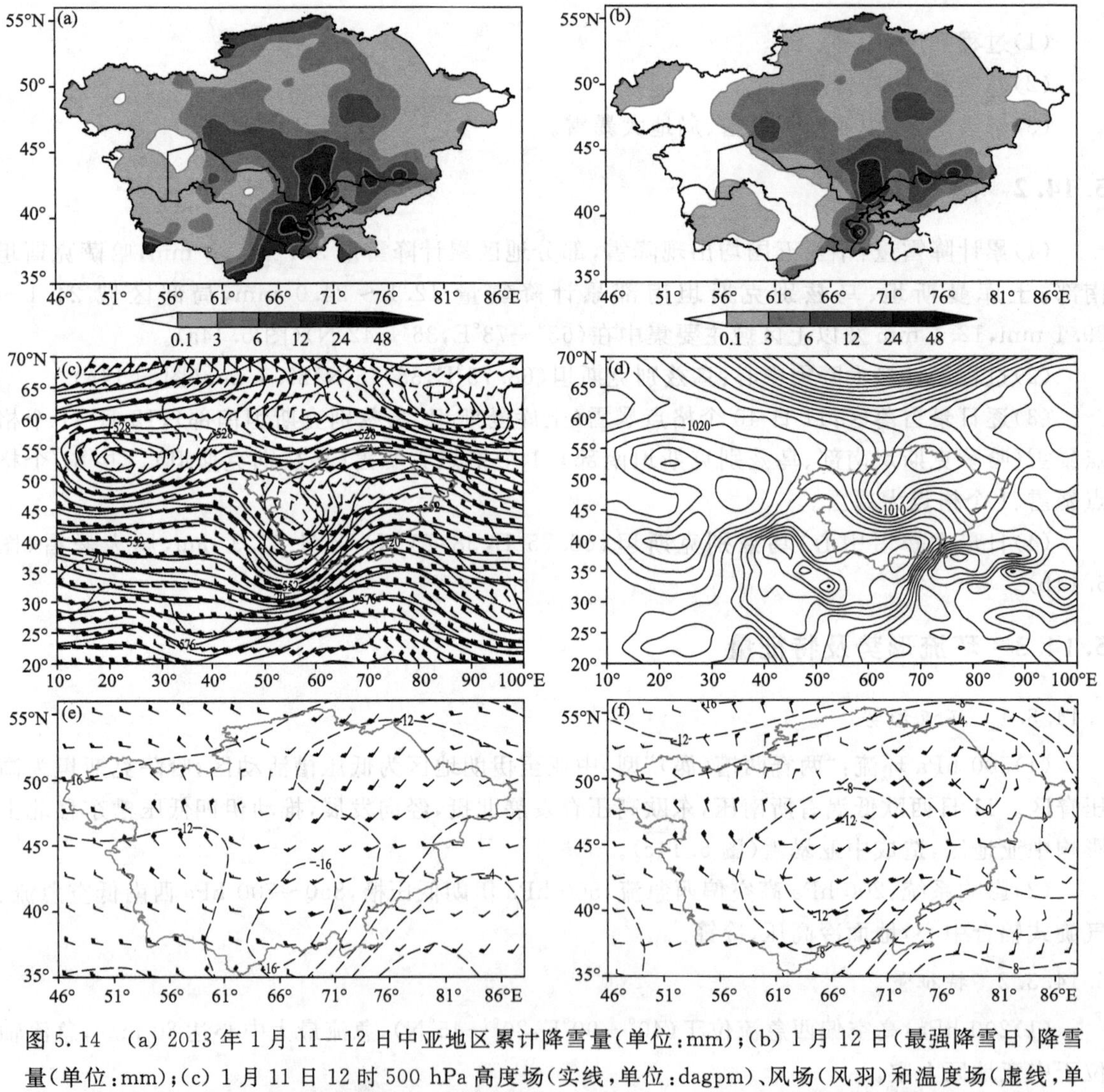

图 5.14 (a) 2013 年 1 月 11—12 日中亚地区累计降雪量(单位:mm);(b) 1 月 12 日(最强降雪日)降雪量(单位:mm);(c) 1 月 11 日 12 时 500 hPa 高度场(实线,单位:dagpm)、风场(风羽)和温度场(虚线,单位:℃);(d) 1 月 12 日 06 时海平面气压场(实线,单位:hPa);(e) 1 月 12 日 06 时 700 hPa 风场(风羽)和温度场(虚线,单位:℃);(f) 1 月 12 日 06 时 850 hPa 风场(风羽)和温度场(虚线,单位:℃)

5.15　2020 年 2 月 8—13 日暴雪过程

5.15.1　过程特征

(1)过程强度:中等。

(2)暴雪类型:冷锋型。

(3)暴雪落区:中亚南部和东北部暴雪。

5.15.2　降雪实况

(1)累计降雪量:哈萨克斯坦、乌兹别克斯坦、土库曼斯坦、吉尔吉斯斯坦、塔吉克斯坦出现降雪,哈萨克斯坦、土库曼斯坦、乌兹别克斯坦东部、塔吉克斯坦、吉尔吉斯斯坦等地的部分区域累计降雪量 3.1～12.0 mm,上述地区的局部区域累计降雪量 12.1～24.0 mm,哈萨克斯坦南部、土库曼斯坦、乌兹别克斯坦东部、塔吉克斯坦西部、吉尔吉斯斯坦西部局地累计降雪量 24.1～34.0 mm,12.1 mm 及以上区域主要集中在(49°—78°E,35°—44°N)(图 5.15a)。

(2)过程累计最大降雪中心:塔吉克斯坦(70°E,39°N)34.0 mm(图 5.15a)。

(3)逐日暴雪落区:8 日 3 个格点暴雪(哈萨克斯坦北部);9 日 3 个格点暴雪(哈萨克斯坦西部南部);10 日 25 个格点暴雪(哈萨克斯坦南部、土库曼斯坦、乌兹别克斯坦东部、吉尔吉斯斯坦西部);11 日 6 个格点暴雪(土库曼斯坦、塔吉克斯坦西部);12 日 42 个格点暴雪(土库曼斯坦、乌兹别克斯坦东部、塔吉克斯坦);13 日 4 个格点暴雪(塔吉克斯坦西部、吉尔吉斯斯坦西部)。共 83 个格点暴雪。

(4)日最大暴雪中心:乌兹别克斯坦(67.75°E,40.25°N)10 日 21.5 mm,属暴雪(图 5.15b)。

5.15.3　环流形势及特征量

5.15.3.1　环流形势

(1)500 hPa 环流:“两脊两槽(涡)”型,地中海至东欧和中国新疆地区为高压脊区,西欧和西西伯利亚至里海为低值系统活动区,上游东欧高压脊顺时针旋转东南落,推动西西伯利亚至里海地区的低压槽分段东移,北段东移北上,南段在里海地区切涡,随后低涡逆时针旋转东移减弱成槽影响中亚地区(图 5.15c)。

(2)影响系统:200 hPa 高空西南急流,500 hPa 里海低涡,850～700 hPa 低涡、西南急流,地面冷高压、冷锋。

5.15.3.2　特征量

(1)200 hPa:偏西南急流位于咸海地区南部,中心风速达 78 m/s。

(2)500 hPa:低涡中心(536 dagpm)位于里海地区,低压槽 564 dagpm 等高线南压至 35°N 以南,槽底最大西南风 38 m/s,位于(58°E,30°N)附近,低涡配合有－36 ℃低温中心,－28 ℃等温线压至中亚西南部,等温线密集,有明显冷平流。

(3)700 hPa:咸海附近存在低涡,咸海南部出现≥26 m/s 的西南急流(图 5.15e)。

(4)850 hPa:咸海附近存在低涡,咸海南部出现≥16 m/s 的西南急流(图 5.15f)。

(5)海平面气压:8 日冷高压主体位于地中海(25°E,47°N)附近,中心强度 1032.0 hPa,冷高压路径为偏西,在东移过程加强至 1037.0 hPa,与东部暖低压气压差 20.0 hPa 左右,11 日分裂为两个地面冷高压,分别位于里海西南部(42°E,40°N)和巴尔喀什湖附近(75°E,50°N),中心强度分别为 1035.0 hPa 和 1032.0 hPa,造成中亚大范围暴雪(图 5.15d)。

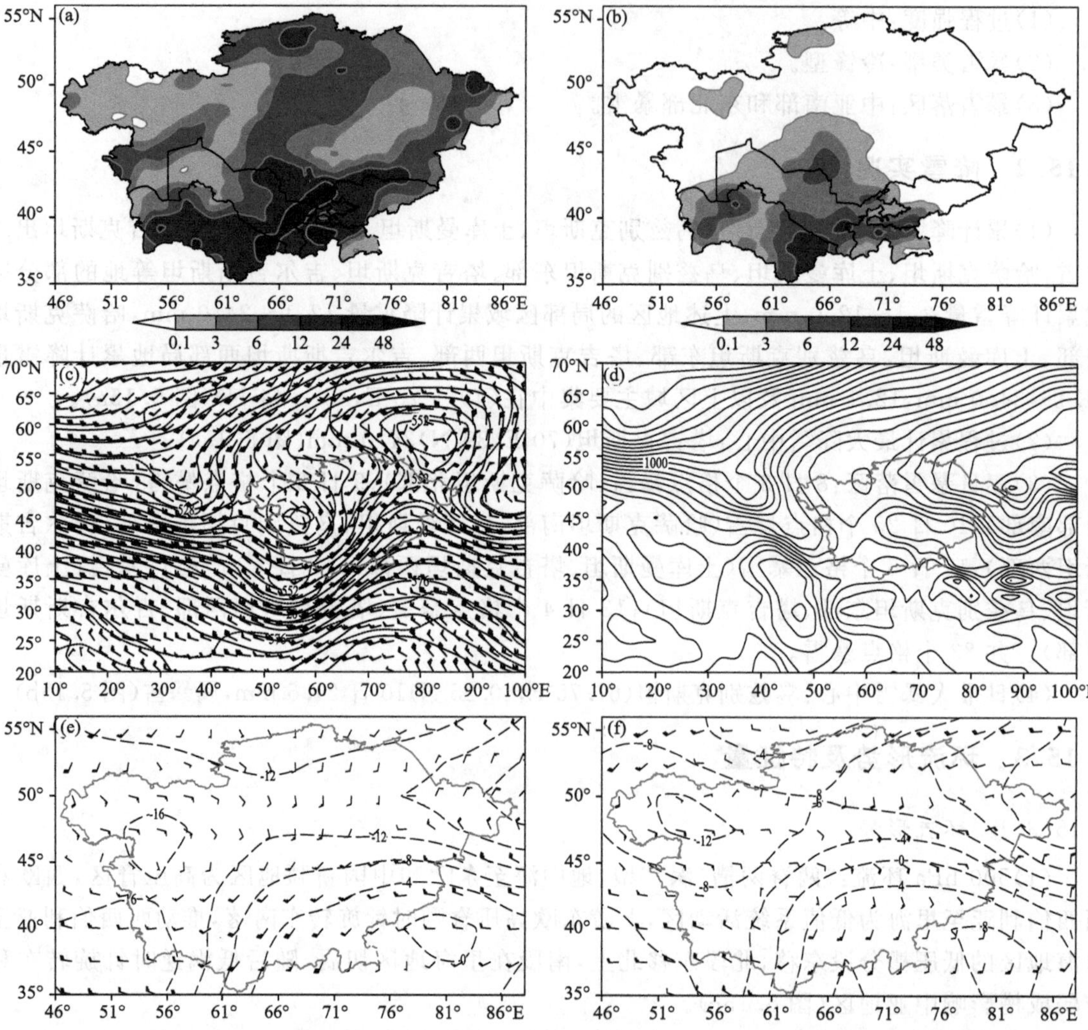

图 5.15　(a) 2020 年 2 月 8—13 日中亚地区累计降雪量(单位:mm);(b) 2 月 12 日(最强降雪日)降雪量(单位:mm);(c) 2 月 12 日 12 时 500 hPa 高度场(实线,单位:dagpm)、风场(风羽)和温度场(虚线,单位:℃);(d) 2 月 12 日 12 时海平面气压场(实线,单位:hPa);(e) 2 月 12 日 00 时 700 hPa 风场(风羽)和温度场(虚线,单位:℃); (f)2 月 12 日 00 时 850 hPa 风场 (风羽)和温度场(虚线,单位:℃)

5.16 1992年2月24—27日暴雪过程

5.16.1 过程特征

(1)过程强度:中等。

(2)暴雪类型:暖锋型。

(3)暴雪落区:中亚东南部暴雪、局地大暴雪。

5.16.2 降雪实况

(1)累计降雪量:哈萨克斯坦、土库曼斯坦、乌兹别克斯坦、塔吉克斯坦、吉尔吉斯斯坦出现降雪,哈萨克斯坦南部和东部、土库曼斯坦、乌兹别克斯坦、塔吉克斯坦、吉尔吉斯斯坦等地的部分区域累计降雪量3.1～12.0 mm,哈萨克斯坦南部和东部、乌兹别克斯坦、塔吉克斯坦、吉尔吉斯斯坦南部和西部等地的局部区域累计降雪量12.1～24.0 mm,哈萨克斯坦南部、乌兹别克斯坦、塔吉克斯坦西部局地超过24.1 mm,12.1 mm及以上区域主要集中在(53°—84°E,37°—52°N)(图5.16a)。

(2)过程累计最大降雪中心:哈萨克斯坦(70.25°E,42.25°N)47.0 mm(图5.16a)。

(3)逐日暴雪落区:24日7个格点暴雪(哈萨克斯坦东部);25日11个格点暴雪(哈萨克斯坦东部);26日23个格点暴雪(哈萨克斯坦南部和东部、乌兹别克斯坦东部、塔吉克斯坦、吉尔吉斯斯坦西部)、5个格点大暴雪(哈萨克斯坦南部);27日32个格点暴雪(哈萨克斯坦东南部、塔吉克斯坦、吉尔吉斯斯坦南部和西部)、4个格点大暴雪(塔吉克斯坦西部)。共73个格点暴雪、9个格点大暴雪。

(4)日最大暴雪中心:哈萨克斯坦(70.25°E,42.25°N)26日37.4 mm,属大暴雪(图5.16b)。

5.16.3 环流形势及特征量

5.16.3.1 环流形势

(1)500 hPa环流:“两脊两槽(涡)”型,欧洲西部和伊朗高原东侧为“两脊”,黑海南部和中国青藏高原为“两槽(涡)”,上游欧洲西部高压脊向东南衰退推动黑海南部低涡东移北上,中亚受槽前西南急流影响(图5.16c)。

(2)影响系统:200 hPa高空西南急流,500 hPa黑海南部低涡,850 hPa西南低空急流、低压、切变线,地面暖低压、暖锋。

5.16.3.2 特征量

(1)200 hPa:西南急流位于伊朗高原,中心风速达86 m/s。

(2)500 hPa:低涡中心(544 dagpm)位于黑海南部,低压槽584 dagpm等高线南压至20°N以南,槽前最大西南风48 m/s,位于(50°E,28°N)附近,低涡配合有−32 ℃低温中心,−20 ℃等温线压至中亚西南部。

(3)700 hPa:中亚南部存在≥18 m/s的偏西南急流(图5.16e)。

(4)850 hPa:中亚西南部出现低压中心,前部为偏西南急流,26—27日东移加强为16 m/s

(图 5.16f)。

(5)海平面气压:地中海南部—阿拉伯半岛—中亚为低压带,24 日地中海和阿拉伯半岛分别为 1005.0 hPa 和 1007.5 hPa 的暖低压中心,25—27 日地中海南部低压与阿拉伯半岛低压东移北上影响中亚地区,暖锋造成中亚东南部暴雪(图 5.16d)。

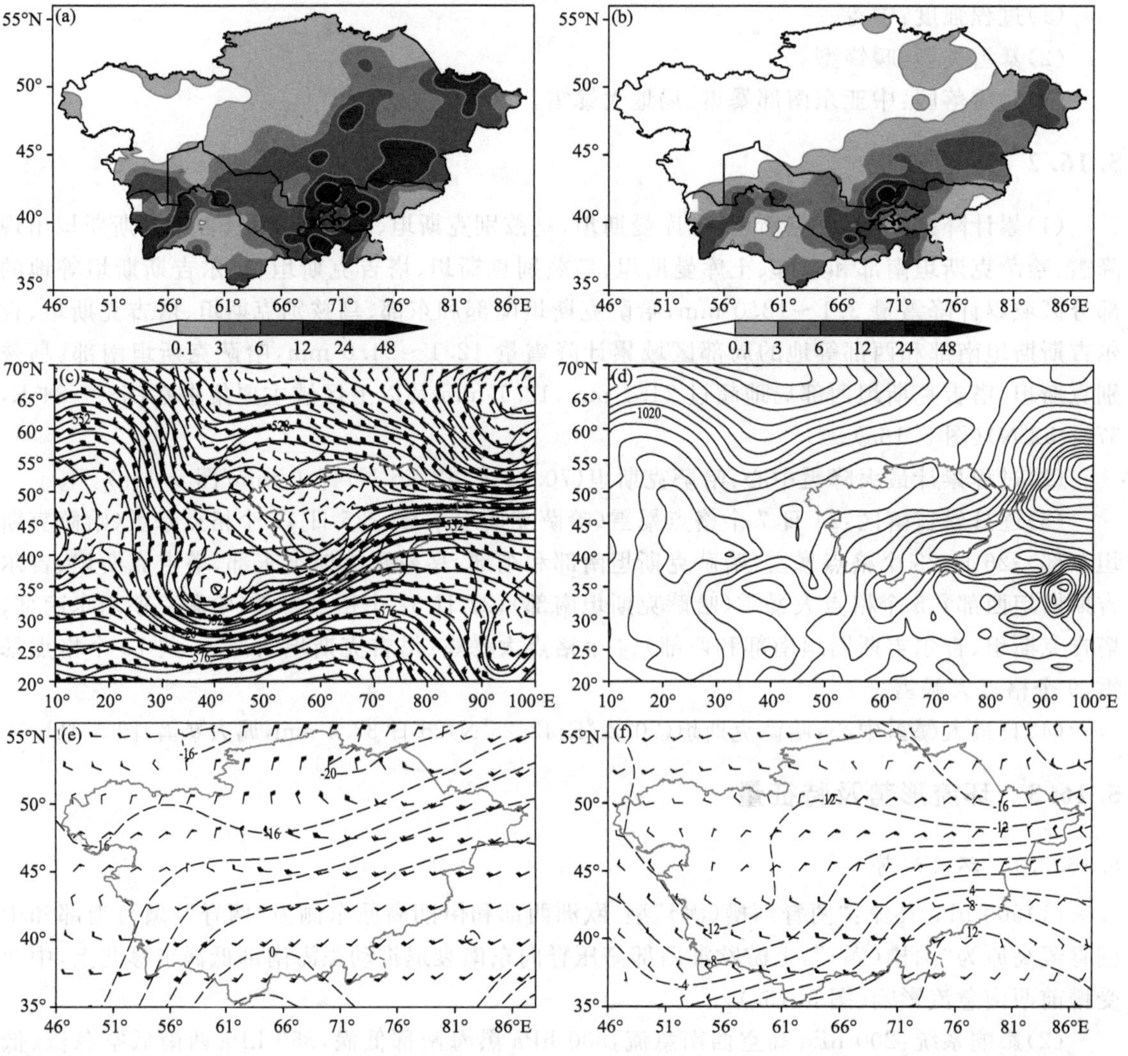

图 5.16　(a) 1992 年 2 月 24—27 日中亚地区累计降雪量(单位:mm);(b) 2 月 26 日(最强降雪日)降雪量(单位:mm);(c) 2 月 26 日 12 时 500 hPa 高度场(实线,单位:dagpm)、风场(风羽)和温度场(虚线,单位:℃);(d) 2 月 26 日 06 时海平面气压场(实线,单位:hPa);(e) 2 月 25 日 18 时 700 hPa 风场(风羽)和温度场(虚线,单位:℃);(f) 2 月 26 日 12 时 850 hPa 风场(风羽)和温度场(虚线,单位:℃)

5.17　2010 年 1 月 15—17 日暴雪过程

5.17.1　过程特征

(1)过程强度：中等。

(2)暴雪类型：冷锋型。

(3)暴雪落区：中亚东部暴雪。

5.17.2　降雪实况

(1)累计降雪量：哈萨克斯坦、乌兹别克斯坦东部、吉尔吉斯斯坦、塔吉克斯坦等地出现降雪，哈萨克斯坦东部和南部、吉尔吉斯斯坦北部等地的部分区域累计降雪量 3.1～12.0 mm，哈萨克斯坦东部和南部部分区域累计降雪量 12.1～24.0 mm，局地累计 24.1～45.0 mm，12.1 mm 及以上区域主要集中在(68°—86°E，42°—46°N)(图 5.17a)。

(2)过程累计最大降雪中心：哈萨克斯坦东部(70.25°E，42.25°N)45.0 mm(图 5.17a)。

(3)逐日暴雪落区：15 日 15 个格点暴雪(哈萨克斯坦东南部)；16 日 1 个格点暴雪(哈萨克斯坦东南部)；17 日 66 个格点暴雪(哈萨克斯坦东南部、吉尔吉斯斯坦北部)。共 82 个格点暴雪。

(4)日最大暴雪中心：哈萨克斯坦(70.25°E，42.25°N)17 日 20.1 mm，属暴雪(图 5.17b)。

5.17.3　环流形势及特征量

5.17.3.1　环流形势

(1)500 hPa 环流："两槽(涡)一脊"型，里海为高压脊区，地中海和西西伯利亚为低压槽活动区，由于经向度发展，两支低压槽发展加深，16—17 日地中海低压槽发展为低涡，西西伯利亚低涡发展加深，底部锋区增强，地中海低涡锋区上短波与西西伯利亚低涡底部短波在哈萨克斯坦上空汇合，为暴雪提供有利环流背景，造成中亚东部地区持续暴雪天气(图 5.17c)。

(2)影响系统：200 hPa 高空偏西急流，500 hPa 地中海低涡、西西伯利亚低涡，850～700 hPa 西南低空急流，地面冷高压、冷锋。

5.17.3.2　特征量

(1)200 hPa：偏西急流位于里海至巴尔喀什湖地区(40°—90°E，35°—50°N)，中心风速达 50 m/s。

(2)500 hPa：地中海低涡前西南急流中心≥28 m/s，中纬度有短波活动，西西伯利亚低涡配合有−48 ℃低温中心，槽底最大偏西风 40 m/s(图 5.17c)。

(3)700 hPa：里海至巴尔喀什湖上空有≥24 m/s 的西风急流，中纬度西南急流与巴尔喀什湖偏西风急流汇合，风速辐合区在哈萨克斯坦上空(图 5.17e)。

(4)850 hPa：咸海至巴尔喀什湖(60°—80°E，40°—50°N)附近西南急流≥16 m/s，有西北风和西风切变线(图 5.17f)。

(5)海平面气压：地面冷高压控制欧洲至中亚地区，冷高压以偏西路径移动，强度由

1025.0 hPa 不断加强至 1047.0 hPa。17 日冷高压中心(1047.0 hPa)位于里海、咸海北部,与中国南疆地区暖低压冷暖交汇剧烈,形成明显气压梯度,强地面冷锋控制中亚地区,造成此次持续性暴雪天气(图 5.17d)。

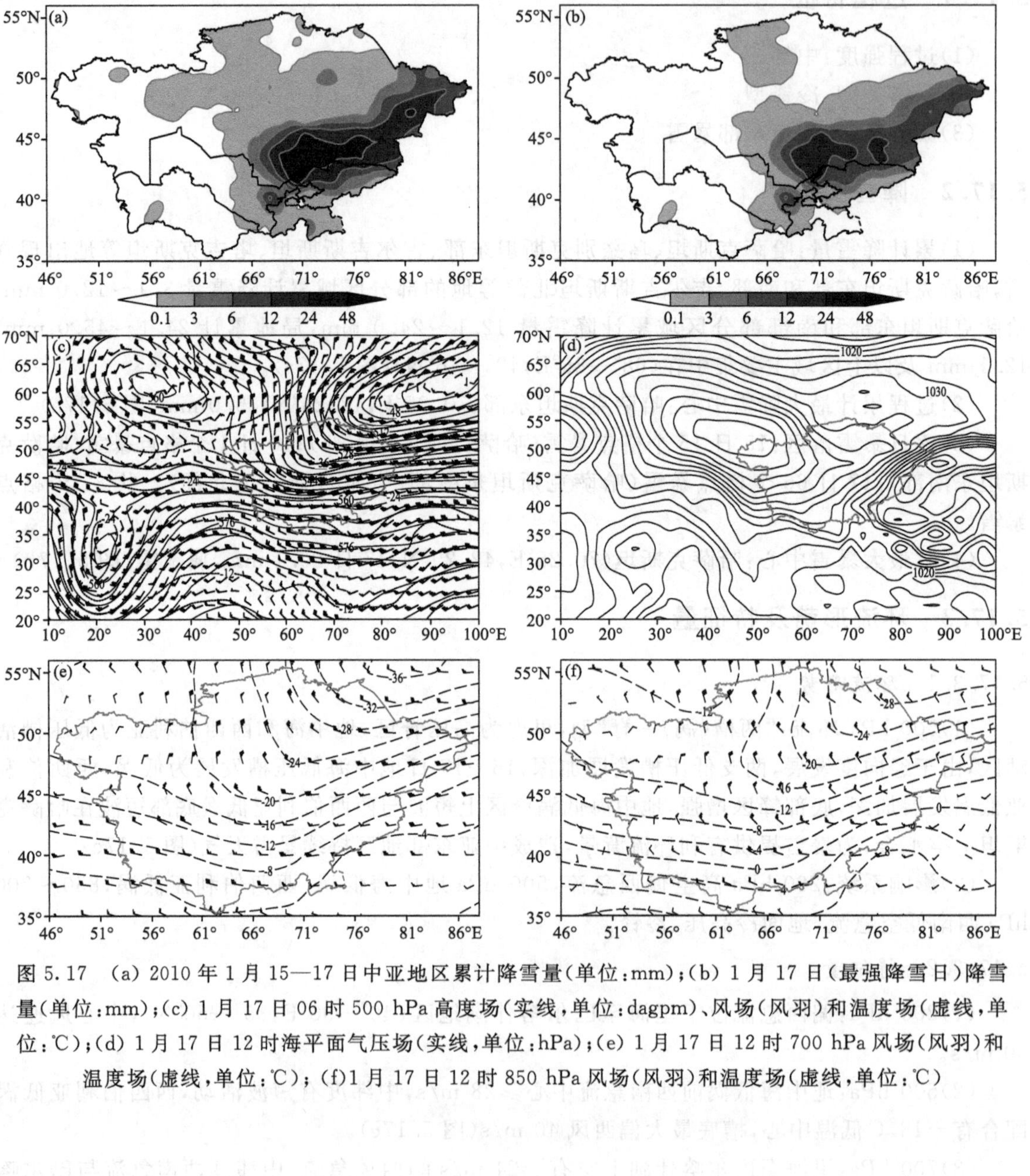

图 5.17　(a) 2010 年 1 月 15—17 日中亚地区累计降雪量(单位:mm);(b) 1 月 17 日(最强降雪日)降雪量(单位:mm);(c) 1 月 17 日 06 时 500 hPa 高度场(实线,单位:dagpm)、风场(风羽)和温度场(虚线,单位:℃);(d) 1 月 17 日 12 时海平面气压场(实线,单位:hPa);(e) 1 月 17 日 12 时 700 hPa 风场(风羽)和温度场(虚线,单位:℃);(f)1 月 17 日 12 时 850 hPa 风场(风羽)和温度场(虚线,单位:℃)

第 6 章　中亚冬季一般强度暴雪过程

6.1　2004 年 1 月 27—28 日暴雪过程

6.1.1　过程特征

(1)过程强度:一般。

(2)暴雪类型:冷锋型。

(3)暴雪落区:中亚南部暴雪、局地大暴雪。

6.1.2　降雪实况

(1)累计降雪量:哈萨克斯坦东部、土库曼斯坦、乌兹别克斯坦东部、塔吉克斯坦、吉尔吉斯斯坦等地出现降雪,哈萨克斯坦东南部、土库曼斯坦、乌兹别克斯坦东部等地的部分区域累计降雪量 3.1～12.0 mm,土库曼斯坦的部分区域累计降雪量 12.1～24.0 mm,土库曼斯坦中部局地累计降雪量 24.1～51.0 mm,12.1 mm 及以上区域主要集中在(55°—63°E,35°—40°N)(图 6.1a)。

(2)过程累计最大降雪中心:土库曼斯坦(59.75°E,37.75°N)51.0 mm(图 6.1a)。

(3)逐日暴雪落区:27 日 2 个格点暴雪(土库曼斯坦西部);28 日 48 个格点暴雪(土库曼斯坦中东部)、27 个格点大暴雪(土库曼斯坦东部)。共 50 个格点暴雪、27 个格点大暴雪。

(4)日最大暴雪中心:土库曼斯坦(59.75°E,37.75°N)28 日 46.7 mm,属大暴雪(图 6.1b)。

6.1.3　环流形势及特征量

6.1.3.1　环流形势

(1)500 hPa 环流:“一槽一脊”型,欧洲南部为低涡活动区、低涡底部有强锋区,咸海南部为高压脊,低涡逆时针旋转过程中减弱成槽东移,槽底强锋区和槽前西南急流共同影响中亚地区(图 6.1c)。

(2)影响系统:200 hPa 高空急流,500 hPa 低压槽、锋区、偏西急流和西南急流,850～700 hPa 切变线和西南低空急流,地面冷高压、冷锋。

6.1.3.2　特征量

(1)200 hPa:偏西急流位于里海地区南部,中心风速达 72 m/s。

(2)500 hPa:低压槽底部锋区 568 dagpm 等高线南压至 25°N 以南,槽底最大偏西风

30 m/s，位于(50°E,25°N)附近，槽前西南急流最大风速 28 m/s，低压槽配合有 −24 ℃低温中心，−20 ℃等温线压至中亚西南部。

(3)700 hPa：咸海南部至伊朗存在低涡，伊朗附近有西南急流≥18 m/s(图 6.1e)。

(4)850 hPa：咸海南部至伊朗存在低涡，中亚南部有西北风和西南风切变线，有西南急流≥12 m/s(图 6.1f)。

(5)海平面气压：位于咸海北部的冷高压沿偏西路径移动，过程中有加强，中心强度为 1030.0 hPa(28 日 00 时)，同时中亚南部暖低压中心(1010.0 hPa)发展东移北上，冷、暖空气交汇于中亚西部，地面冷锋增强，强冷锋造成中亚大范围暴雪(图 6.1d)。

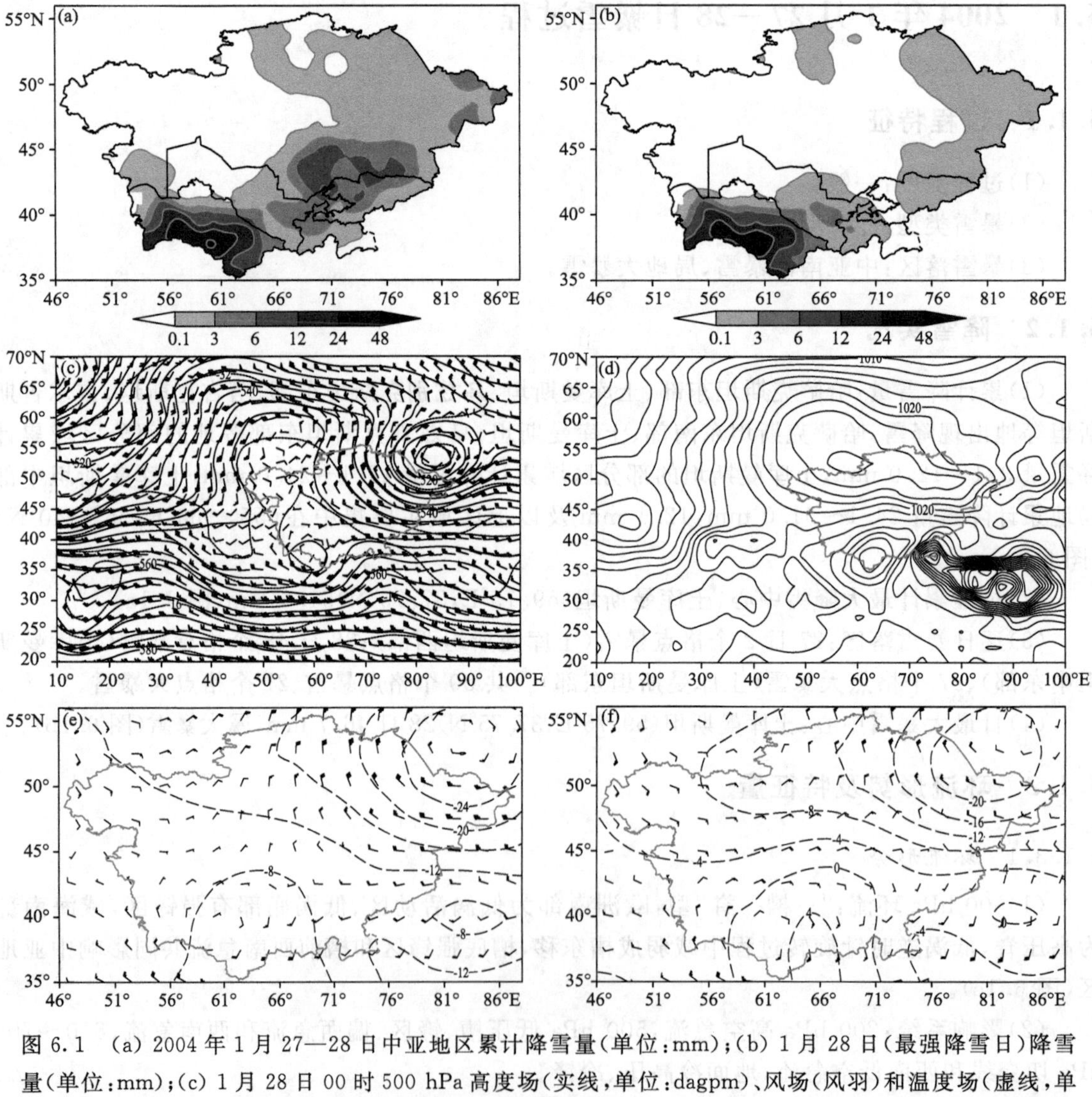

图 6.1　(a) 2004 年 1 月 27—28 日中亚地区累计降雪量(单位：mm)；(b) 1 月 28 日(最强降雪日)降雪量(单位：mm)；(c) 1 月 28 日 00 时 500 hPa 高度场(实线，单位：dagpm)、风场(风羽)和温度场(虚线，单位：℃)；(d) 1 月 28 日 00 时海平面气压场(实线，单位：hPa)；(e) 1 月 28 日 00 时 700 hPa 风场(风羽)和温度场(虚线，单位：℃)；(f)1 月 28 日 00 时 850 hPa 风场(风羽)和温度场(虚线，单位：℃)

6.2　2019 年 1 月 4—5 日暴雪过程

6.2.1　过程特征

(1)过程强度:一般。

(2)暴雪类型:冷锋型。

(3)暴雪落区:中亚南部暴雪、局地大暴雪。

6.2.2　降雪实况

(1)累计降雪量:哈萨克斯坦西北部和东部、土库曼斯坦、乌兹别克斯坦东部、塔吉克斯坦、吉尔吉斯斯坦出现降雪,哈萨克斯坦西北部和东部、土库曼斯坦东部、乌兹别克斯坦东部、塔吉克斯坦等地的部分区域累计降雪量 3.1～12.0 mm,土库曼斯坦东部、乌兹别克斯坦东部、塔吉克斯坦西部等地的局部区域累计降雪量 12.1～24.0 mm,土库曼斯坦东部局地累计降雪量 24.1～29.0 mm,12.1 mm 及以上区域主要集中在(57°—73°E,35°—39°N)(图 6.2a)。

(2)过程累计最大降雪中心:土库曼斯坦(62.75°E,38.25°N)29.0 mm(图 6.2a)。

(3)逐日暴雪落区:4 日 69 个格点暴雪(土库曼斯坦东部、乌兹别克斯坦东部、塔吉克斯坦西部)、6 个格点大暴雪(土库曼斯坦东部);5 日 2 个格点暴雪(塔吉克斯坦西部)。共 71 个格点暴雪、6 格点大暴雪。

(4)日最大暴雪中心:土库曼斯坦(62.75°E,38.25°N)4 日 25.6 mm,属大暴雪(图 6.2b)。

6.2.3　环流形势及特征量

6.2.3.1　环流形势

(1)500 hPa 环流:“三脊两槽(涡)”型,西欧、乌拉尔山和中国新疆地区为高压脊区,东欧至地中海和中亚为低值系统活动区,上游乌拉尔山高压脊受槽底锋区影响东南落,推动中亚低压槽减弱东移影响中亚地区(图 6.2c)。

(2)影响系统:200 hPa 高空偏西急流,500 hPa 中亚低压槽,850～700 hPa 低涡、偏西或西南急流,地面冷高压、冷锋。

6.2.3.2　特征量

(1)200 hPa:偏西急流位于黑海至里海地区南部,中心风速达 76 m/s。

(2)500 hPa:低压槽 564 dagpm 等高线南压至 35°N 以南,槽底最大偏西风 36 m/s,位于(58°E,32°N)附近,低压槽配合有－24 ℃低温中心,－20 ℃等温线压至中亚南部。

(3)700 hPa:咸海至巴尔喀什湖附近存在低涡,咸海南部出现≥22 m/s 的偏西急流(图 6.2e)。

(4)850 hPa:咸海至巴尔喀什湖附近存在低涡,咸海南部出现≥14 m/s 的西南急流(图 6.2f)。

(5)海平面气压:冷高压以偏西路径移动,在东移过程中与东北部冷高压合并加强,地面冷高压中心强度为 1027.0 hPa,位于(45°E,35°N)附近,冷锋造成中亚大范围暴雪(图 6.2d)。

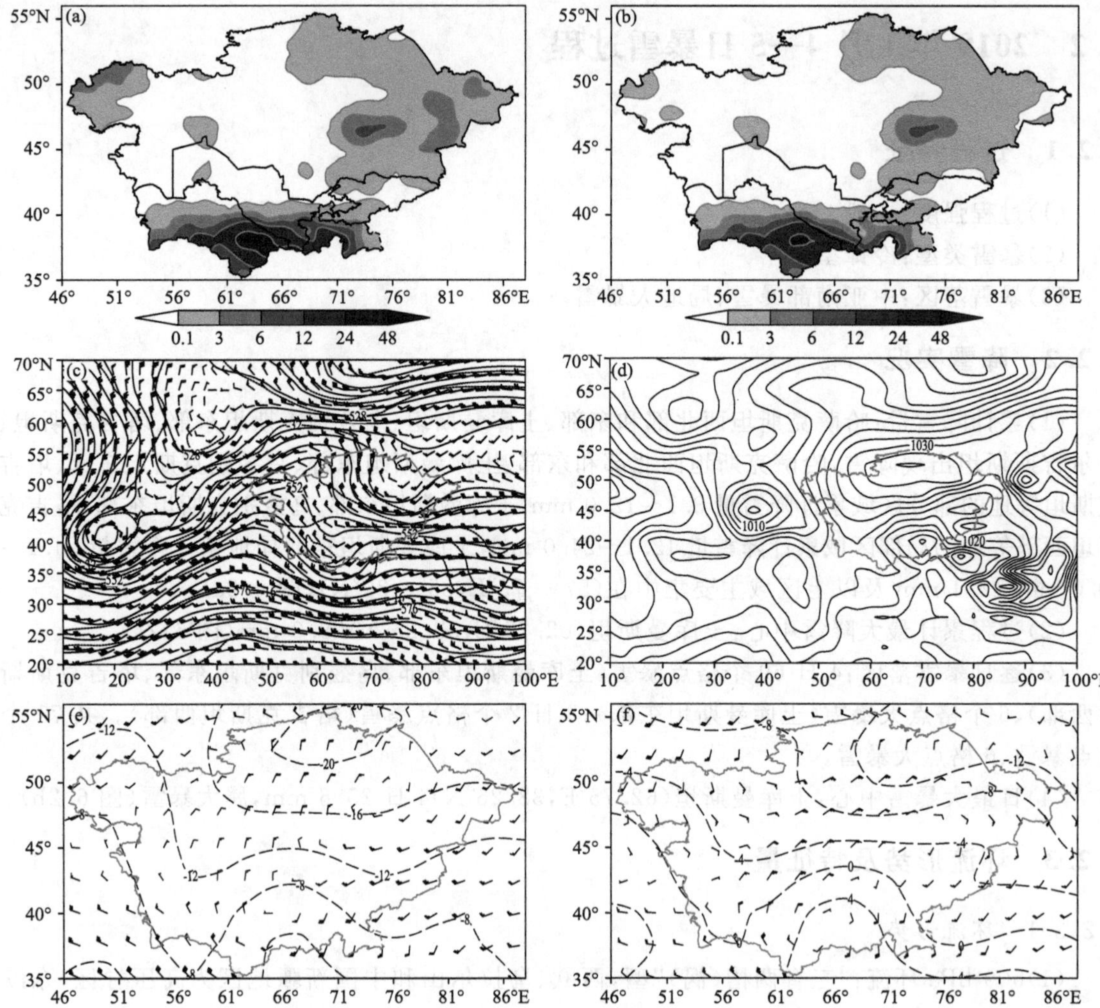

图 6.2　(a) 2019 年 1 月 4—5 日中亚地区累计降雪量(单位:mm);(b) 1 月 4 日(最强降雪日)降雪量(单位:mm);(c) 1 月 4 日 12 时 500 hPa 高度场(实线,单位:dagpm)、风场(风羽)和温度场(虚线,单位:℃);(d) 1 月 4 日 12 时海平面气压场(实线,单位:hPa);(e) 1 月 4 日 06 时 700 hPa 风场(风羽)和温度场(虚线,单位:℃);(f) 1 月 4 日 06 时 850 hPa 风场(风羽)和温度场(虚线,单位:℃)

6.3　2010 年 12 月 1—3 日暴雪过程

6.3.1　过程特征

(1)过程强度:一般。

(2)暴雪类型:暖锋+冷锋型。

(3)暴雪落区:中亚北部和东部暴雪、局地大暴雪。

6.3.2　降雪实况

(1)累计降雪量：哈萨克斯坦、乌兹别克斯坦北部、吉尔吉斯斯坦出现降雪，哈萨克斯坦北部和东南部、吉尔吉斯斯坦北部累计降雪量 3.1～12.0 mm，哈萨克斯坦局部区域累计降雪量 12.1～31.0 mm，12.1 mm 及以上区域主要集中在(61°—85°E，43°—50°N)(图 6.3a)。

(2)过程累计最大降雪中心：哈萨克斯坦(77.25°E，46.75°N)31.0 mm(图 6.3a)。

(3)逐日暴雪落区：1 日 7 个格点暴雪(哈萨克斯坦北部)；2 日 43 个格点暴雪、6 个格点大暴雪(哈萨克斯坦东部)；3 日 19 个格点暴雪(哈萨克斯坦南部)。共 69 个格点暴雪、6 个格点大暴雪。

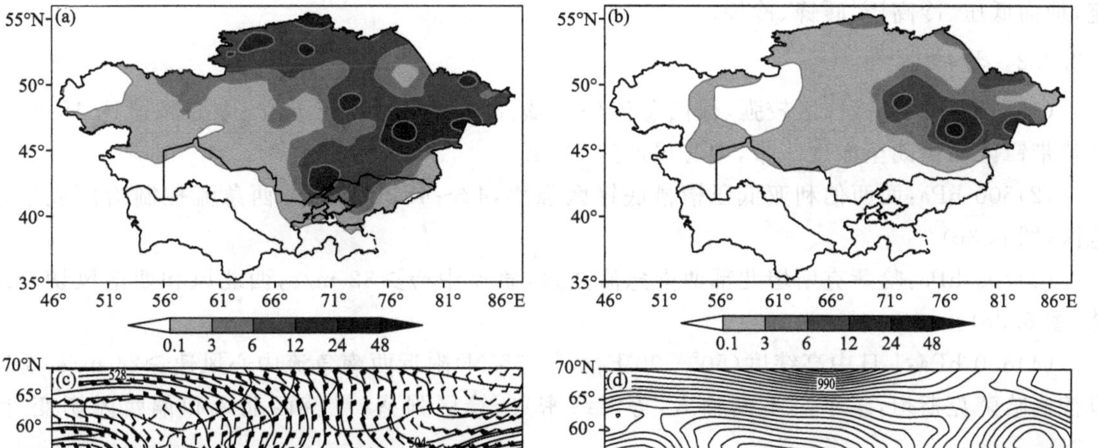

图 6.3　(a) 2010 年 12 月 1—3 日中亚地区累计降雪量(单位：mm)；(b) 12 月 2 日(最强降雪日)降雪量(单位：mm)；(c) 12 月 2 日 12 时 500 hPa 高度场(实线，单位：dagpm)、风场(风羽)和温度场(虚线，单位：℃)；(d) 12 月 2 日 18 时海平面气压场(实线，单位：hPa)；(e) 12 月 2 日 18 时 700 hPa 风场(风羽)和温度场(虚线，单位：℃)；(f)12 月 2 日 18 时 850 hPa 风场 (风羽)和温度场(虚线，单位：℃)

(4)日最大暴雪中心:哈萨克斯坦(77.25°E,46.75°N)2 日 28.3 mm,属大暴雪(图 6.3b)。

6.3.3 环流形势及特征量

6.3.3.1 环流形势

(1)500 hPa 环流:“纬向”型,中高纬度为纬向环流,东欧至乌拉尔山地区为宽广的低压槽活动区(25°—60°E,50°—60°N),黑海和西西伯利亚为高压脊区,由于黑海高压脊不断发展北挺东移,推动低涡逆时针旋转,底部锋区不断东移并加强影响中亚地区,造成此次暴雪天气(图 6.3c)。

(2)影响系统:200 hPa 高空偏西急流、极锋锋区短波,850～700 hPa 偏西低空急流、暖平流,地面低压、冷高压、暖锋、冷锋。

6.3.3.2 特征量

(1)200 hPa:极锋锋区较强,偏西急流位于欧洲至西西伯利亚上空,中心风速达 48 m/s,副热带锋区在伊朗至印度一带,中心风速达 52 m/s。

(2)500 hPa:西西伯利亚低压槽槽底锋区强盛,42～48 m/s 的偏西急流控制哈萨克斯坦地区(图 6.3c)。

(3)700 hPa:哈萨克斯坦北部西南急流强盛,急流中心≥32 m/s,西北风和西南风切变维持(图 6.3e)。

(4)850 hPa:1 日中高纬度(50°—90°E,45°—55°N)附近西南急流中心风速≥24 m/s,温度脊控制哈萨克斯坦,暖平流不断输入,等温线密集,锋区强盛,维持西北风和偏西风切变(图 6.3f)。

(5)海平面气压:1 日西西伯利亚强盛低压,中心强度达 980.0 hPa,低压外围控制巴尔喀什湖附近,中国新疆北部地区为 1035.0 hPa 冷高压控制,高低压之间气压梯度大,形成明显锋区,由于 40°—45°N 850 hPa 西南风暖平流推动,地面低压推动中国新疆地面冷高压东移,在巴尔喀什湖附近形成明显暖锋降雪。2 日 500 hPa 锋区底部冷空气不断侵入,东欧平原地面冷高压不断东移并加强(中心强度 1035.0 hPa),推动西西比利亚低压北上东移,等压线密集地区为冷锋降雪(图 6.3d)。

6.4 2021 年 2 月 7—10 日暴雪过程

6.4.1 过程特征

(1)过程强度:一般。

(2)暴雪类型:冷锋型。

(3)暴雪落区:中亚东部暴雪、局地大暴雪。

6.4.2 降雪实况

(1)累计降雪量:哈萨克斯坦、土库曼斯坦、乌兹别克斯坦、塔吉克斯坦、吉尔吉斯斯坦出现降雪,哈萨克斯坦、乌兹别克斯坦、吉尔吉斯斯坦北部和西部等地的部分区域累计降雪量

3.1～12.0 mm，哈萨克斯坦南部和东部、乌兹别克斯坦中部和东部、吉尔吉斯斯坦西部等地的局部区域累计降雪量 12.1～24.0 mm，哈萨克斯坦东部局地超过 24.1 mm，12.1 mm 及以上区域主要集中在(61°—83°E，41°—51°N)(图 6.4a)。

(2)过程累计最大降雪中心：哈萨克斯坦(78.75°E，45.25°N)47.0 mm(图 6.4a)。

(3)逐日暴雪落区：7 日 15 个格点暴雪(哈萨克斯坦南部、乌兹别克斯坦中部和东部、吉尔吉斯斯坦西部)；8 日 3 个格点暴雪(哈萨克斯坦南部和东部)；9 日 39 个格点暴雪(哈萨克斯坦东部)、14 个格点大暴雪(哈萨克斯坦东部)；10 日 4 个格点暴雪(哈萨克斯坦东部)。共 61 个格点暴雪、14 个格点大暴雪。

(4)日最大暴雪中心：哈萨克斯坦(78.75°E，45.25°N)9 日 31.9 mm，属大暴雪(图 6.4b)。

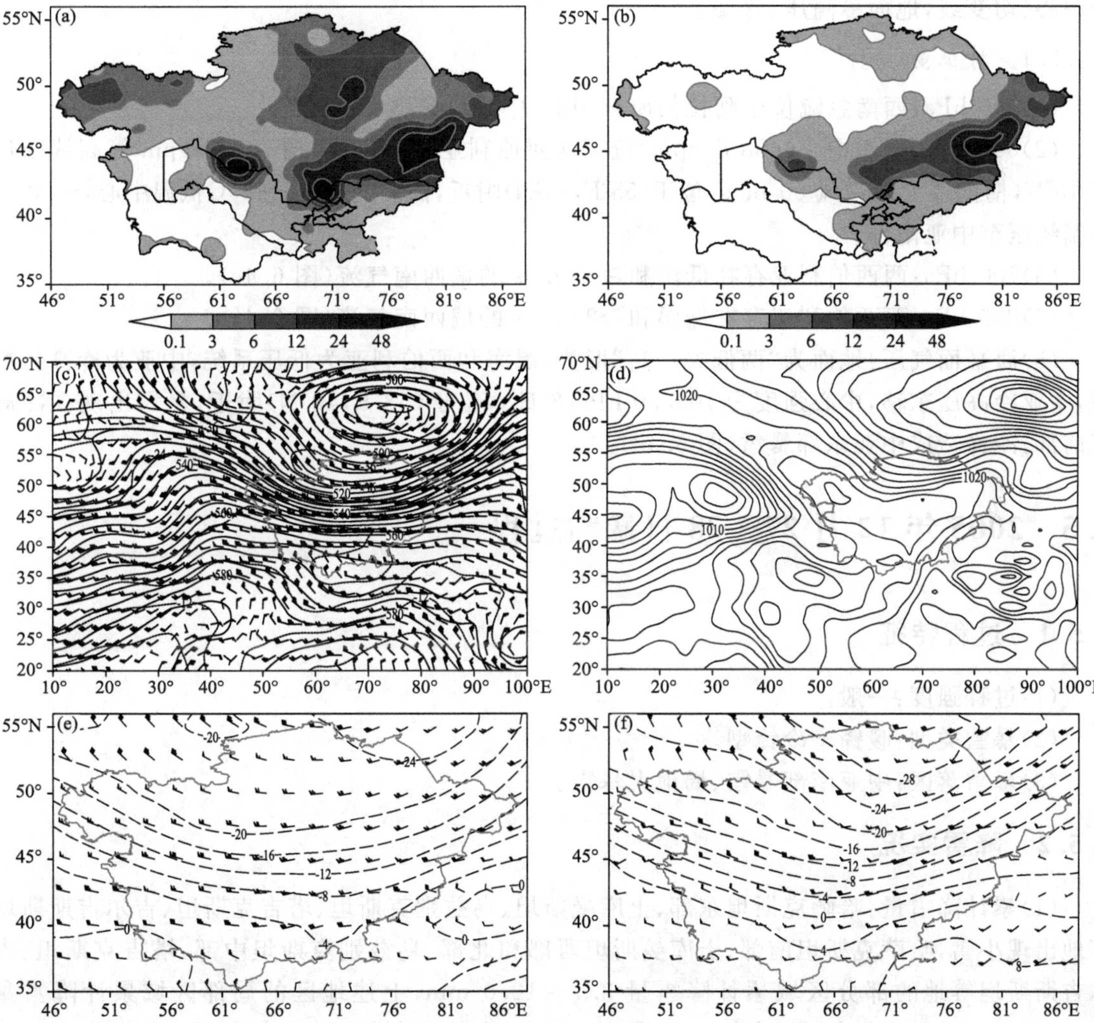

图 6.4　(a) 2021 年 2 月 7—10 日中亚地区累计降雪量(单位：mm)；(b) 2 月 9 日(最强降雪日)降雪量(单位：mm)；(c) 2 月 9 日 00 时 500 hPa 高度场(实线，单位：dagpm)、风场(风羽)和温度场(虚线，单位：℃)；(d) 2 月 9 日 06 时海平面气压场(实线，单位：hPa)；(e) 2 月 9 日 00 时 700 hPa 风场(风羽)和温度场(虚线，单位：℃)；(f) 2 月 9 日 06 时 850 hPa 风场(风羽)和温度场(虚线，单位：℃)

6.4.3　环流形势及特征量

6.4.3.1　环流形势

(1)500 hPa 环流:“两脊一涡”型,高纬度地区西欧和蒙古高原为“两脊”,东欧至西西伯利亚为一宽广低涡系统;中低纬度地中海与伊朗高原为“两脊”,阿拉伯半岛为低压槽,西欧高压脊和地中海高压脊分别推动西西伯利亚低涡和阿拉伯低压槽东移,8 日西西伯利亚低涡底部西南锋区与阿拉伯低压槽前西南急流在中亚东部同位相叠加,东移北上的过程中造成暴雪天气(图 6.4c)。

(2)影响系统:200 hPa 高空西南急流,500 hPa 西西伯利亚低涡,850～700 hPa 气旋式辐合中心、切变线,地面冷高压、冷锋。

6.4.3.1　特征量

(1)200 hPa:西南急流位于阿拉伯海至中亚,中心风速达 70 m/s。

(2)500 hPa:低涡中心(488 dagpm)位于西西伯利亚,底部低压槽 564 dagpm 等高线南压至 40°N,槽前最大西南风 50 m/s,位于(55°E,45°N)附近,低涡配合有－44 ℃低温中心,－20 ℃等温线压至中亚南部。

(3)700 hPa:西西伯利亚存在低涡和≥38 m/s 的偏西南气流(图 6.4e)。

(4)850 hPa:西西伯利亚存在低涡和≥26 m/s 的偏西南气流(图 6.4f)。

(5)海平面气压:地面为“两低夹一高”形势,黑海和西伯利亚为低压系统,中亚为冷高压控制,中亚冷高压东移,中心强度为 1030.0 hPa(8 日),位于(58°E,42°N)附近,暴雪出现在冷高压前部,冷锋造成中亚东部暴雪(图 6.4d)。

6.5　2005 年 12 月 27—28 日暴雪过程

6.5.1　过程特征

(1)过程强度:一般。

(2)暴雪类型:暖锋＋冷锋型。

(3)暴雪落区:中亚南部暴雪、局地大暴雪。

6.5.2　降雪实况

(1)累计降雪量:哈萨克斯坦东部、土库曼斯坦、乌兹别克斯坦、塔吉克斯坦、吉尔吉斯斯坦等地出现小雪,哈萨克斯坦南部、土库曼斯坦西部和北部、乌兹别克斯坦中部、塔吉克斯坦、吉尔吉斯斯坦等地的部分区域累计降雪量 3.1～12.0 mm,上述地区的局部区域累计降雪量 12.1～24.0 mm,哈萨克斯坦南部、土库曼斯坦西部、乌兹别克斯坦中部局地累计降雪量 24.1～28.0 mm,12.1 mm 及以上区域主要集中在(58°—78°E,36°—46°N)(图 6.5a)。

(2)过程累计最大降雪中心:土库曼斯坦(54.75°E,37.75°N)28.0 mm(图 6.5a)。

(3)逐日暴雪落区:27 日 62 个格点暴雪(土库曼斯坦西部、乌兹别克斯坦中部、塔吉克斯坦)、4 个格点大暴雪(土库曼斯坦西部、塔吉克斯坦);28 日 8 个格点暴雪(哈萨克斯坦南部)。

共 70 个格点暴雪、4 个格点大暴雪。

(4)日最大暴雪中心：土库曼斯坦(54.75°E,37.75°N)27 日 26.7 mm,属大暴雪(图 6.5b)。

6.5.3　环流形势及特征量

6.5.3.1　环流形势

(1)500 hPa 环流："两脊一槽"型，欧洲南部地中海和中国新疆地区为"两脊"，里海以南至中亚为低压槽，上游欧洲南部高压脊向东北发展，推动低压槽快速东移北上，槽前西南气流影响中亚地区(图 6.5c)。

(2)影响系统：200 hPa 高空偏西急流，500 hPa 低压槽和西南急流，850～700 hPa 低涡，偏西、偏北和西南低空急流，地面暖低压，暖锋，冷锋；地面冷高压、冷锋。

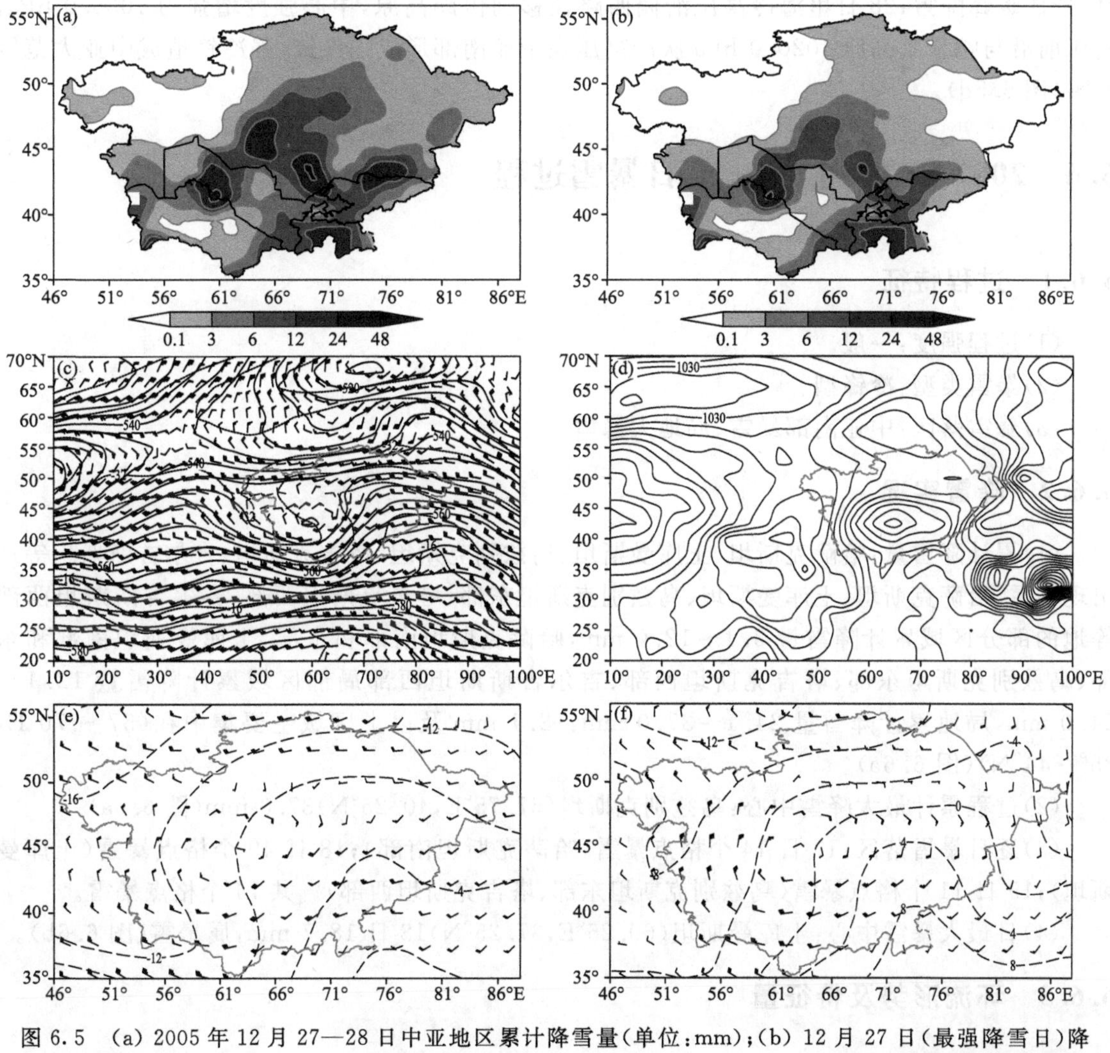

图 6.5　(a) 2005 年 12 月 27—28 日中亚地区累计降雪量(单位：mm)；(b) 12 月 27 日(最强降雪日)降雪量(单位：mm)；(c) 12 月 27 日 06 时 500 hPa 高度场(实线，单位：dagpm)、风场(风羽)和温度场(虚线，单位：℃)；(d) 12 月 27 日 00 时海平面气压场(实线，单位：hPa)；(e) 12 月 27 日 06 时 700 hPa 风场(风羽)和温度场(虚线，单位：℃)；(f) 12 月 27 日 06 时 850 hPa 风场(风羽)和温度场(虚线，单位：℃)

6.5.3.2 特征量

(1)200 hPa:偏西急流轴位于中亚地区,中心风速达 70 m/s。

(2)500 hPa:暴雪时段低压槽位于咸海地区以南,568 dagpm 等高线南压至 35°N 以南,槽前最大西南风 22 m/s,位于(60°E,35°N)附近,低压槽配合有−28 ℃低温中心,−24 ℃等温线压至中亚北部。

(3)700 hPa:咸海附近存在低涡,低涡底部咸海南部出现≥20 m/s 的西南急流(图 6.5e)。

(4)850 hPa:中亚南部附近存在低涡,存在偏北风和南风切变线,有≥16 m/s 的偏北急流和≥16m/s 偏南急流(图 6.5f)。

(5)海平面气压:27 日中亚北部地区受地面 1012.0 hPa 暖低压控制,里海以西为中心强度 1035.0 hPa 的冷高压,中亚暖低压东移,与中国青藏高原中心为 1020.0 hPa 冷高压形成暖锋,造成暖锋降雪;28 日里海冷高压沿偏西路径移到伊朗高原,中心强度增强为 1035.0 hPa,高压前沿与帕米尔高原 1020.0 hPa 次冷高压在中亚南部形成强冷锋,强冷锋造成中亚大范围暴雪(图 6.5d)。

6.6 2007 年 12 月 17—19 日暴雪过程

6.6.1 过程特征

(1)过程强度:一般。

(2)暴雪类型:冷锋型。

(3)暴雪落区:中亚南部暴雪、局地大暴雪。

6.6.2 降雪实况

(1)累计降雪量:哈萨克斯坦、土库曼斯坦、乌兹别克斯坦、塔吉克斯坦、吉尔吉斯斯坦等地出现小雪,哈萨克斯坦、土库曼斯坦、乌兹别克斯坦东部、塔吉克斯坦西部、吉尔吉斯斯坦西部等地的部分区域累计降雪量 3.1～12.0 mm,哈萨克斯坦南部和东部、土库曼斯坦南部和东部、乌兹别克斯坦东部、塔吉克斯坦西部、吉尔吉斯斯坦西部局部区域累计降雪量 12.1～24.0 mm,局地累计降雪量 24.1～37.0 mm,12.1 mm 及以上区域主要集中在(57°—70°E,35°—44°N)(图 6.6a)。

(2)过程累计最大降雪中心:乌兹别克斯坦(67.75°E,40.25°N)37.0 mm(图 6.6a)。

(3)逐日暴雪落区:17 日 14 个格点暴雪(哈萨克斯坦南部);18 日 49 个格点暴雪(土库曼斯坦);19 日 11 个格点暴雪(乌兹别克斯坦东部、塔吉克斯坦西部)。共 74 个格点暴雪。

(4)日最大暴雪中心:土库曼斯坦(60.25°E,37.25°N)18 日 18.7 mm,属暴雪(图 6.6b)。

6.6.3 环流形势及特征量

6.6.3.1 环流形势

(1)500 hPa 环流:“一脊一槽”型,欧洲平原为“一脊”、黑海为低涡系统活动区,上游欧洲高压脊东南衰退,推动低涡先加深南压,后减弱成槽东移,受下游脊阻挡,低涡前西南气流不断影响中亚地区，造成持续暴雪(图 6.6c)。

(2)影响系统：200 hPa 偏西急流，500 hPa 低涡低压槽和西南急流、700～850 hPa 切变线，地面冷高压、冷锋。

6.6.3.2　特征量

(1)200 hPa：宽广的偏西急流位于里海地区南部，中心风速达 64 m/s。

(2)500 hPa：低涡中心(540 dagpm)位于黑海地区，位于里海的低压槽(564 dagpm)南压至 35°N 以南，槽前最大西南风 20 m/s，位于(60°E，35°N)附近，低涡配合有－32 ℃低温中心，－24 ℃等温线压至中亚南部。

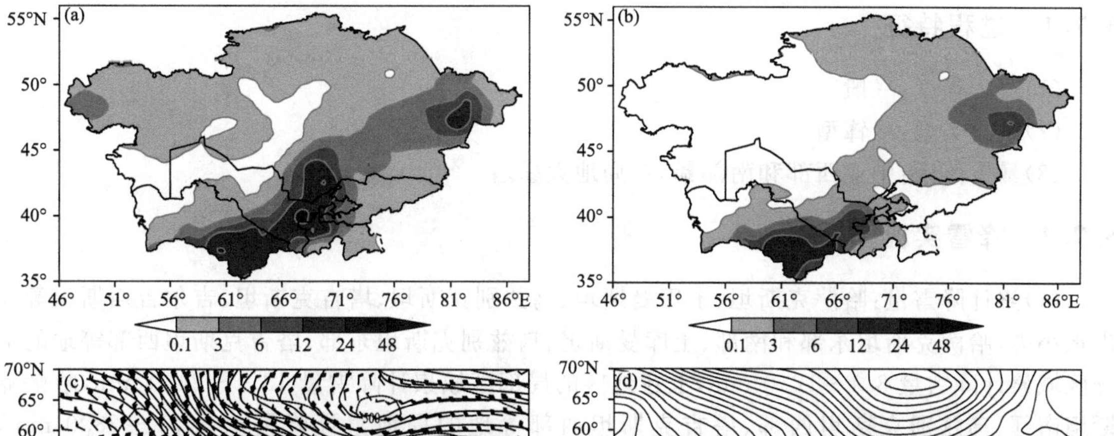

图 6.6　(a) 2007 年 12 月 17—19 日中亚地区累计降雪量(单位：mm)；(b) 12 月 18 日(最强降雪日)降雪量(单位：mm)；(c) 12 月 18 日 12 时 500 hPa 高度场(实线，单位：dagpm)、风场(风羽)和温度场(虚线，单位：℃)；(d) 12 月 18 日 00 时海平面气压场(实线，单位：hPa)；(e) 12 月 18 日 12 时 700 hPa 风场(风羽)和温度场(虚线，单位：℃)；(f) 12 月 18 日 12 时 850 hPa 风场(风羽)和温度场(虚线，单位：℃)

(3)700 hPa:咸海南部至伊朗高原存在西北风和西南风的冷式切变线,伊朗高原附近出现≥16 m/s 的西南急流带(图 6.6e)。

(4)850 hPa:伊朗高原附近存在西北风和西南风的冷式切变线(图 6.6f)。

(5)海平面气压:欧洲南部强冷高压中心强度为 1045.0 hPa,高压外围冷空气南压过程中,与中亚南部(1015.0 hPa))的暖低压在里海附近形成冷锋,造成中亚地区的断续暴雪(图 6.6d)。

6.7 2003年12月10—12日暴雪过程

6.7.1 过程特征

(1)过程强度:一般。

(2)暴雪类型:冷锋型。

(3)暴雪落区:中亚西部和南部暴雪、局地大暴雪。

6.7.2 降雪实况

(1)累计降雪量:哈萨克斯坦、土库曼斯坦、乌兹别克斯坦、塔吉克斯坦、吉尔吉斯斯坦等地出现小雪,哈萨克斯坦东部和南部、土库曼斯坦、乌兹别克斯坦东部、塔吉克斯坦西部等地的部分区域累计降雪量 3.1～12.0 mm,上述地区的局部区域累计降雪量 12.1～24.0 mm,哈萨克斯坦南部、乌兹别克斯坦西部、塔吉克斯坦西部等地的局地累计降雪量 24.1～28.0 mm,12.1 mm 及以上区域主要集中在(52°—78°E,38°—50°N)(图 6.7a)。

(2)过程累计最大降雪中心:乌兹别克斯坦(68.75°E,38.75°N)28.0 mm(图 6.7a)。

(3)逐日暴雪落区:10 日 15 个格点暴雪(哈萨克斯坦东部、土库曼斯坦西部);11 日 42 个格点暴雪(哈萨克斯坦南部、土库曼斯坦南部、乌兹别克斯坦东部);12 日 14 个格点暴雪(塔吉克斯坦西部)、1 个格点大暴雪(塔吉克斯坦西部)。共 71 个格点暴雪,1 个格点大暴雪。

(4)日最大暴雪中心:乌兹别克斯坦(68.75°E,38.75°N)12 日 24.6 mm,属大暴雪(图 6.7b)。

6.7.3 环流形势及特征量

6.7.3.1 环流形势

(1)500 hPa 环流:“两脊一槽”型,欧洲南部和中国新疆地区为“两脊”,乌拉尔山至里海为“一槽”,上游欧洲南部高压脊发展向东南衰退,推动低压槽东移南压,影响中亚地区(图 6.7c)。

(2)影响系统:200 hPa 高空偏西急流,500 hPa 乌拉尔山低压槽和西南急流,850～700 hPa 切变线、低空西北急流,地面冷高压、冷锋。

6.7.3.2 特征量

(1)200 hPa:偏西急流位于中亚地区,中心风速达 54 m/s。

(2)500 hPa:低压槽 568 dagpm 等高线南压至 35°N 以南,槽前最大西南风 32 m/s,低压槽配合有－40 ℃低温中心,－24 ℃等温线压至中亚。

(3)700 hPa:里海至巴尔喀什湖之间存在西北风和西南风的切变线,里海附近有西北急流≥18 m/s,巴尔喀什湖西南部有西南急流≥16 m/s(图 6.7e)。

(4)850 hPa:伊朗北部存在偏西北风和偏西南风的切变线,里海西部有偏西北急流≥20 m/s(图 6.7f)。

(5)海平面气压:冷高压路径为偏西,在东移过程中加强,11 日地面冷高压中心强度为 1040.0 hPa,冷高压南部强冷锋造成中亚大范围暴雪(图 6.7d)。

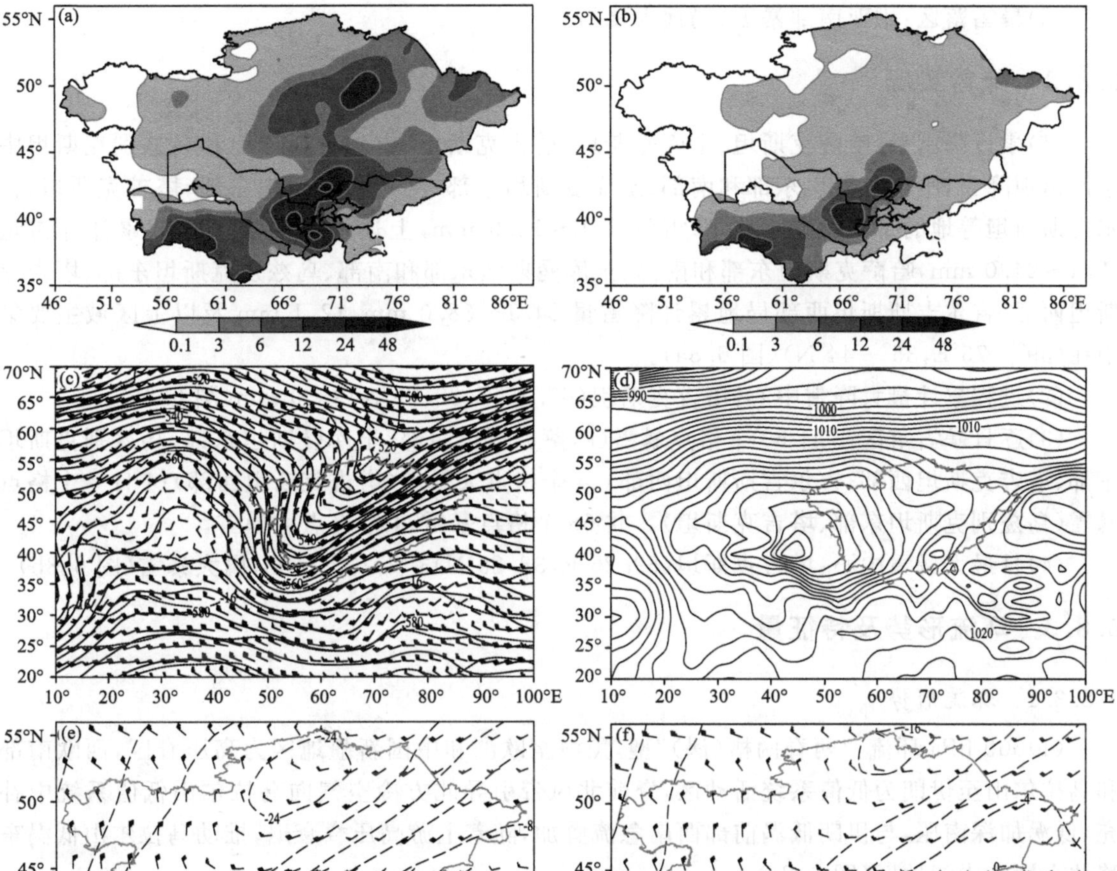

图 6.7　(a) 2003 年 12 月 10—12 日中亚地区累计降雪量(单位:mm);(b) 12 月 11 日(最强降雪日)降雪量(单位:mm);(c) 12 月 11 日 06 时 500 hPa 高度场(实线,单位:dagpm)、风场(风羽)和温度场(虚线,单位:℃);(d) 12 月 11 日 06 时海平面气压场(实线,单位:hPa);(e) 12 月 11 日 06 时 700 hPa 风场(风羽)和温度场(虚线,单位:℃);(f) 12 月 11 日 06 时 850 hPa 风场(风羽)和温度场(虚线,单位:℃)

6.8 2017 年 2 月 3—4 日暴雪过程

6.8.1 过程特征

(1)过程强度:一般。

(2)暴雪类型:冷锋型。

(3)暴雪落区:中亚南部暴雪、局地大暴雪。

6.8.2 降雪实况

(1)累计降雪量:哈萨克斯坦、土库曼斯坦、塔吉克斯坦、吉尔吉斯斯坦和乌兹别克斯坦中东部出现降雪,哈萨克斯坦东部和南部、土库曼斯坦东部、乌兹别克斯坦东部、塔吉克斯坦、吉尔吉斯斯坦等地的部分区域累计降雪量 3.1～12.0 mm,上述地区的局部区域累计降雪量 12.1～24.0 mm,哈萨克斯坦东部和南部、土库曼斯坦东部和南部、乌兹别克斯坦东部、塔吉克斯坦西部、吉尔吉斯斯坦西部局地累计降雪量 24.1～38.0 mm,12.1 mm 及以上区域主要集中在(59°—75°E,35°—44°N)(图 6.8a)。

(2)过程累计最大降雪中心:塔吉克斯坦(69.25°E,38.25°N)38.0 mm(图 6.8a)。

(3)逐日暴雪落区:3 日 63 个格点暴雪(哈萨克斯坦南部、土库曼斯坦东部、乌兹别克斯坦东部、塔吉克斯坦西部、吉尔吉斯斯坦西部)、4 个格点大暴雪(塔吉克斯坦西部);4 日 5 个格点暴雪(乌兹别克斯坦东部、塔吉克斯坦)。共 68 个格点暴雪、4 个格点大暴雪。

(4)日最大暴雪中心:塔吉克斯坦(69.25°E,38.25°N)3 日 26.4 mm,属大暴雪(图 6.8b)。

6.8.3 环流形势及特征量

6.8.3.1 环流形势

(1)500 hPa 环流:“两脊两槽(涡)”型,黑海至欧洲和中国新疆地区为高压脊区,西欧南部和乌拉尔山至伊朗为低值系统活动区,脊前北风带引导北方冷空气向乌拉尔山低值系统中补充,低涡加深南压,与伊朗低涡前部西南急流叠加,随着上游高压脊衰退,推动乌拉尔山低涡东移北上影响中亚地区(图 6.8c)。

(2)影响系统:200 hPa 高空西南急流,500 hPa 乌拉尔山低涡,850～700 hPa 低涡、西南急流,地面冷高压、冷锋。

6.8.3.2 特征量

(1)200 hPa:偏西南急流位于巴尔喀什湖西南部,中心风速达 60 m/s。

(2)500 hPa:乌拉尔山低涡中心(508 dagpm)位于咸海北部,中亚低涡(552 dagpm)位于里海西南部,低压槽 552 dagpm 和 560 dagpm 等高线分别南压至 40°N 和 30°N 以南,乌拉尔山低压槽前最大西南风 42 m/s,位于(68°E,45°N)附近,中亚低压槽底最大偏西风 42 m/s,位于(55°E,25°N)附近,低涡配合有−36 ℃低温中心,−28 ℃等温线压至中亚西南部,等温线密集,有明显冷平流。

(3)700 hPa:咸海北部和伊朗存在低涡,咸海至巴尔喀什湖出现≥26 m/s 的西南急流(图

6.8e)。

(4)850 hPa:咸海北部和伊朗存在低涡,咸海至巴尔喀什湖出现≥18 m/s 的西南急流(图 6.8f)。

(5)海平面气压:冷高压路径为偏西,在东移过程中与东部冷高压合并加强,地面冷高压中心强度为 1032.0 hPa,位于(42°E,38°N)附近,东西压差大,冷高压和暖低压气压差 30.0 hPa 左右,强冷锋造成中亚大范围暴雪(图 6.8d)。

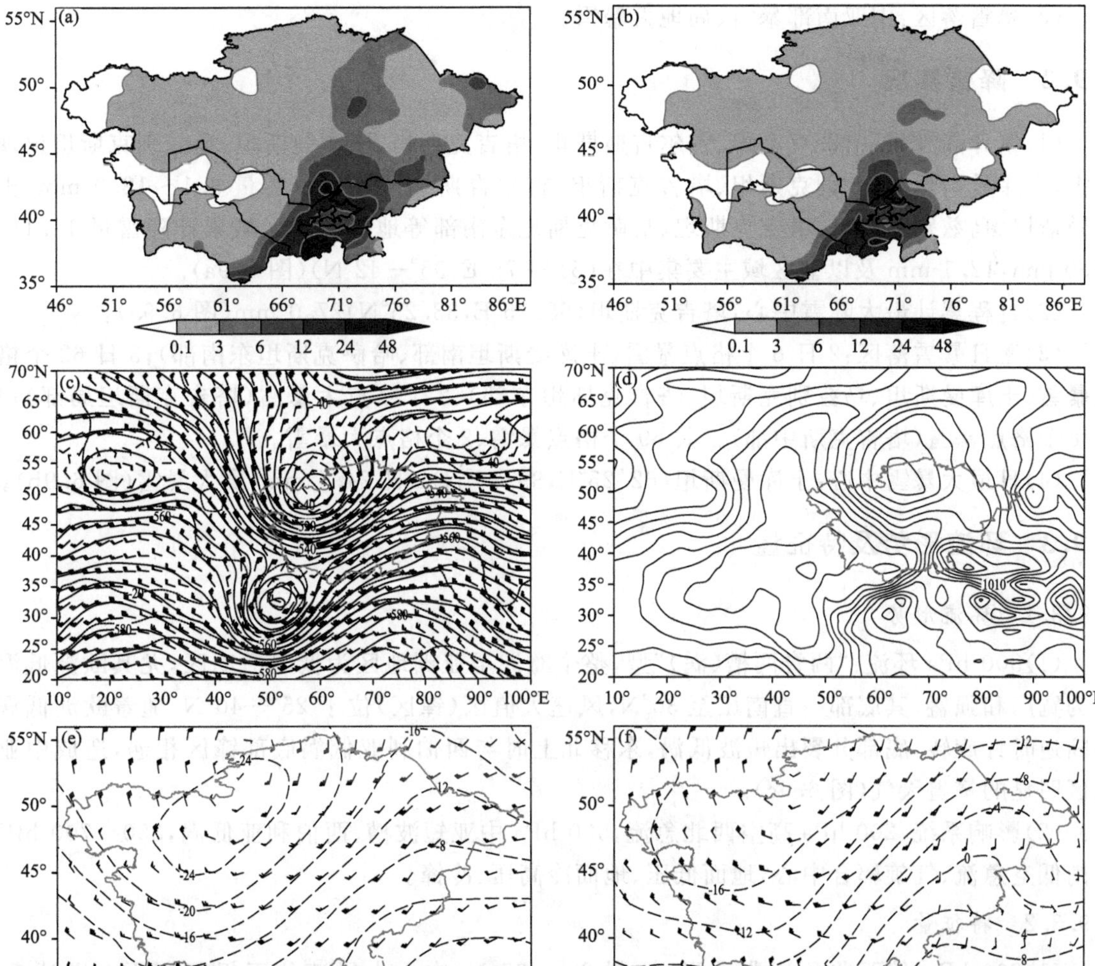

图 6.8　(a) 2017 年 2 月 3—4 日中亚地区累计降雪量(单位:mm);(b) 2 月 3 日(最强降雪日)降雪量(单位:mm);(c) 2 月 3 日 00 时 500 hPa 高度场(实线,单位:dagpm)、风场(风羽)和温度场(虚线,单位:℃);(d) 2 月 3 日 12 时海平面气压场(实线,单位:hPa);(e) 2 月 3 日 06 时 700 hPa 风场(风羽)和温度场(虚线,单位:℃);(f) 2 月 3 日 06 时 850 hPa 风场(风羽)和温度场(虚线,单位:℃)

6.9 2012 年 2 月 2—4 日暴雪过程

6.9.1 过程特征

(1)过程强度:一般。

(2)暴雪类型:暖锋+冷锋型。

(3)暴雪落区:中亚南部暴雪、局地大暴雪。

6.9.2 降雪实况

(1)累计降雪量:哈萨克斯坦、吉尔吉斯斯坦、塔吉克斯坦、土库曼斯坦、乌兹别克斯坦出现降雪,土库曼斯坦、乌兹别克斯坦、塔吉克斯坦、吉尔吉斯斯坦累计降雪量 3.1～12.0 mm,土库曼斯坦、乌兹别克斯坦、塔吉克斯坦、哈萨克斯坦东南部等地的部分区域累计降雪量 12.1～27.0 mm,12.1 mm 及以上区域主要集中在(51°—75°E,35°—42°N)(图 6.9a)。

(2)过程累计最大降雪中心:塔吉克斯坦(68.75°E,33.25°N)27.0 mm(图 6.9a)。

(3)逐日暴雪落区:2 日 6 个格点暴雪(土库曼斯坦南部、哈萨克斯坦东南部);3 日 62 个格点暴雪(土库曼斯坦、乌兹别克斯坦、塔吉克斯坦东部)、2 个格点大暴雪(塔吉克斯坦局部);4 日 1 个格点暴雪(塔吉克斯中部)。共 69 个格点暴雪、2 个格点大暴雪。

(4)日最大暴雪中心:土库曼斯坦(62.25°E,39.75°N)2 日 24.4 mm,属大暴雪(图 6.9b)。

6.9.3 环流形势及特征量

6.9.3.1 环流形势

(1)500 hPa 环流:“两脊两槽(涡)”型,整个欧洲至亚洲地区为低涡活动区,尤其欧洲低涡更为宽广和强盛,其底部一直南压至 30°N,风速大值区(锋区)位于 25°—40°N,随着欧洲低涡不断逆时针旋转,底部分裂出短波低涡,东移北上时与西伯利亚低涡底部锋区相遇,造成中亚地区明显的暴雪天气(图 6.9c)。

(2)影响系统:200 hPa 高空西北急流,500 hPa 中亚短波槽、西伯利亚低涡,850～700 hPa 西南低空急流、气旋辐合中心,地面低压、地面冷高压、冷锋。

6.9.3.2 特征量

(1)200 hPa:偏西北急流非常强,控制 20°—35°N,中心大风速位于伊朗高原上空达 70 m/s。

(2)500 hPa:欧洲低涡有−40 ℃低温中心与之配合,底部偏西风强,最强风速达 40 m/s,西伯利亚低涡低温中心−40 ℃,底部锋区偏西风急流≥24 m/s。

(3)700 hPa:中亚南部上空有气旋式辐合中心西北风和西南风的切变线,低压槽前有≥22 m/s 的西南急流,低压槽不断东移影响中亚地区,2 日暖平流不断输送至中亚南部(图 6.9e)。

(4)850 hPa:2 日中亚南部有明显的气旋性辐合风场,伊朗高原至中亚南部有≥16 m/s 的南风急流;3 日由于南部低压槽不断东移北上,西北风和东南风切变线东移影响整个中亚地区,低压槽后西北风≥10 m/s,冷平流强盛(图 6.9f)。

(5)海平面气压:新地岛至西西伯利亚为强盛的地面冷高压,中心强度达 1060.0 hPa,其外围控制中亚地区,伊朗高原为 1010.0 hPa 低气压区,2 日低压向北挺进,与地面冷高压前端冷空气交汇,中亚地区为等压线密集区,形成明显的暖锋;3 日地面冷高压南压,1055.0 hPa 冷高压前端向东南扩展,整个中亚地区被冷高压控制,地面低压亦有所减弱东退,两者之间形成了明显冷锋,冷锋继续造成明显降雪天气(图 6.9d)。

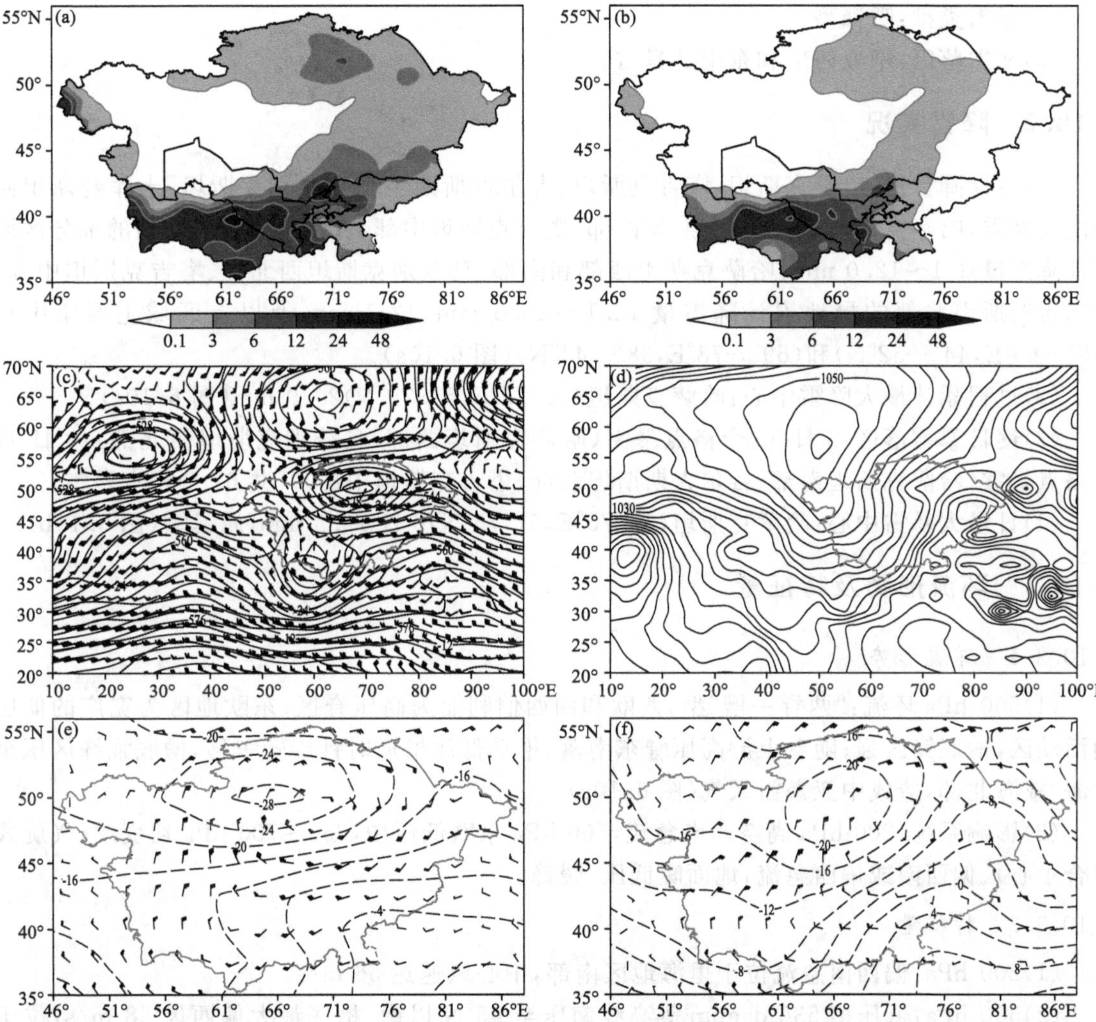

图 6.9　(a) 2012 年 2 月 2—4 日中亚地区累计降雪量(单位:mm);(b) 2 月 3 日(最强降雪日)降雪量(单位:mm);(c) 2 月 3 日 12 时 500 hPa 高度场(实线,单位:dagpm)、风场(风羽)和温度场(虚线,单位:℃);(d) 2 月 3 日 18 时海平面气压场(实线,单位:hPa);(e) 2 月 3 日 12 时 700 hPa 风场(风羽)和温度场(虚线,单位:℃);(f) 2 月 3 日 12 时 850 hPa 风场(风羽)和温度场(虚线,单位:℃)

6.10　2016 年 12 月 3—4 日暴雪过程

6.10.1　过程特征

(1)过程强度:一般。

(2)暴雪类型:暖锋型。

(3)暴雪落区:中亚西部和东南部暴雪。

6.10.2　降雪实况

(1)累计降雪量:哈萨克斯坦、塔吉克斯坦、吉尔吉斯斯坦和乌兹别克斯坦,土库曼斯坦西部出现降雪,哈萨克斯坦、乌兹别克斯坦西部、塔吉克斯坦中部、吉尔吉斯斯坦等地的部分区域累计降雪量 3.1～12.0 mm,哈萨克斯坦西部和南部、乌兹别克斯坦西北部、塔吉克斯坦中部、吉尔吉斯斯坦北部的局地累计降雪量 12.1～20.0 mm,12.1 mm 及以上区域主要集中在(48°—60°E,44°—52°N)和(69°—78°E,38°—44°N)(图 6.10a)。

(2)过程累计最大降雪中心:哈萨克斯坦(50.75°E,51.75°N)20.0 mm(图 6.10a)。

(3)逐日暴雪落区:3 日 55 个格点暴雪(哈萨克斯坦西部、乌兹别克斯坦西北部);4 日 12 个格点暴雪(哈萨克斯坦南部、吉尔吉斯斯坦北部、塔吉克斯坦中部)。共 67 个格点暴雪。

(4)日最大暴雪中心:哈萨克斯坦(50.75°E,51.75°N)3 日 19.5 mm,属暴雪(图 6.10b)。

6.10.3　环流形势及特征量

6.10.3.1　环流形势

(1)500 hPa 环流:“两脊一槽”型,西欧和西西伯利亚为高压脊区,东欧地区为宽广的低压槽活动区,槽底锋区强;随着上游高压脊东南落,推动低压槽逆时针旋转东移,槽底强锋区压至里海、咸海北部,造成中亚暴雪天气(图 6.10c)。

(2)影响系统:200 hPa 高空西南急流,500 hPa 东欧低压槽,850～700 hPa 切变线(气旋式辐合中心)、偏西南或偏西急流,地面暖低压、暖锋。

6.10.3.2　特征量

(1)200 hPa:偏西南急流位于里海地区南部,中心风速达 56 m/s。

(2)500 hPa:低压槽 536 dagpm 等高线南压至 45°N 以南,槽底最大偏西风 38 m/s,位于(40°E,40°N)附近,低压槽配合有−40 ℃低温中心,−24 ℃等温线压至中亚西南部,等温线密集,有明显冷平流。

(3)700 hPa:里海附近存在西风和偏西南风的切变线,出现≥30 m/s 的偏西南急流(图 6.10e)。

(4)850 hPa:里海北部存在气旋式辐合中心,出现≥20 m/s 的偏西急流(图 6.10f)。

(5)海平面气压:东欧至中亚地区为低压区,在东欧北部、黑海、里海和咸海地区为 3 个暖低压中心,中心强度分别为 1002.0 hPa、995.0 hPa、1002.0 hPa,暖低压以偏西路径为主,在东移过程中黑海与里海、咸海暖低压先合并,随后与东欧北部暖低压合并加强,地面暖低压中心强度为 997.0 hPa，位于(55°E,52°N)附近，与中国青藏高原东部 1045.0 hPa 冷高压间的东西压差大，冷高压和暖低压间气压差超过 40.0 hPa，造成中亚大范围暴雪(图 6.10d)。

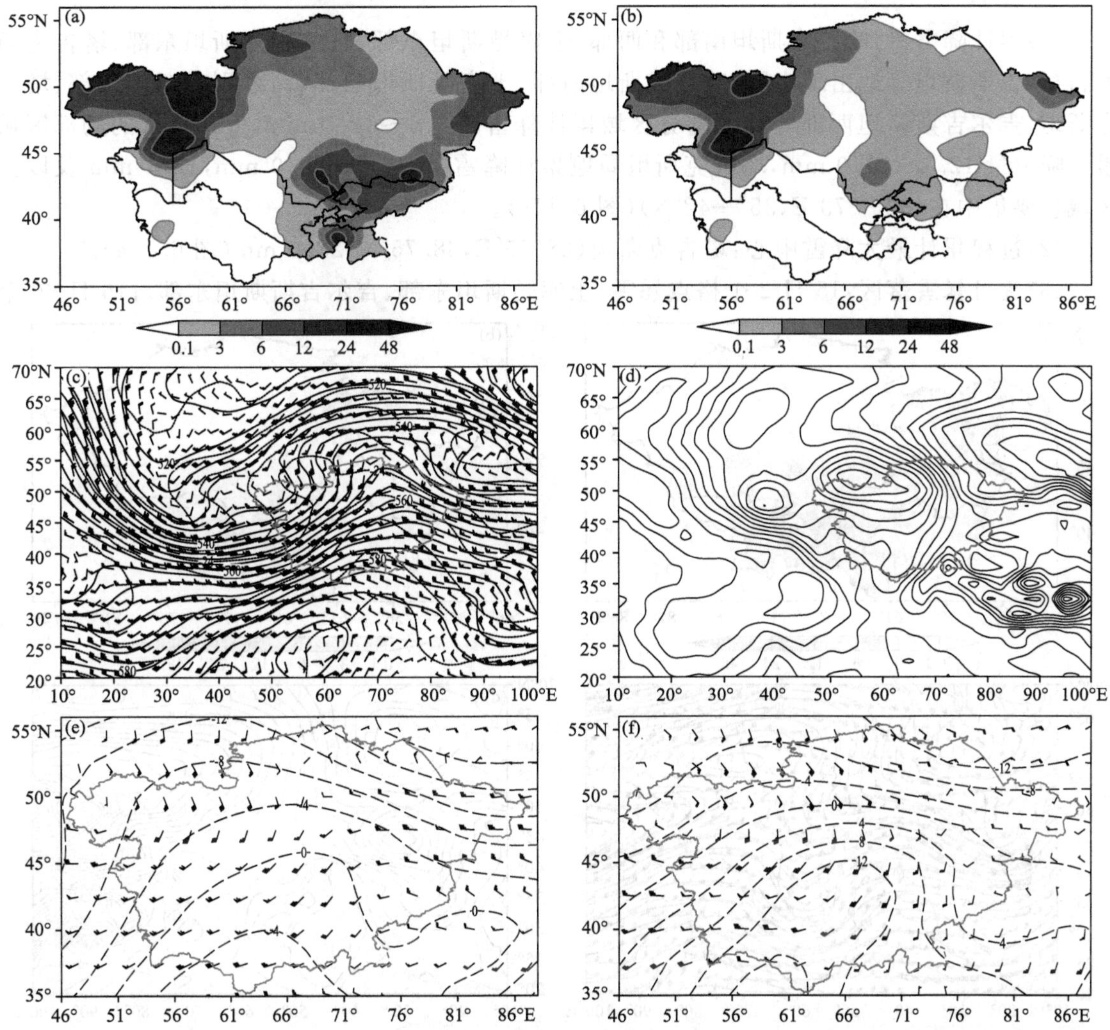

图 6.10　(a) 2016 年 12 月 3—4 日中亚地区累计降雪量(单位：mm)；(b) 12 月 3 日(最强降雪日)降雪量(单位：mm)；(c) 12 月 3 日 06 时 500 hPa 高度场(实线，单位：dagpm)、风场(风羽)和温度场(虚线，单位：℃)；(d) 12 月 3 日 12 时海平面气压场(实线，单位：hPa)；(e) 12 月 3 日 00 时 700 hPa 风场(风羽)和温度场(虚线，单位：℃)；(f) 12 月 3 日 00 时 850 hPa 风场(风羽)和温度场(虚线，单位：℃)

6.11　2004 年 1 月 15—16 日暴雪过程

6.11.1　过程特征

(1)过程强度：一般。

(2)暴雪类型：冷锋型。

(3)暴雪落区:中亚南部暴雪、局地大暴雪。

6.11.2　降雪实况

(1)累计降雪量:哈萨克斯坦南部和西部、土库曼斯坦东部、乌兹别克斯坦东部、塔吉克斯坦、吉尔吉斯斯坦等地出现小雪,哈萨克斯坦南部、土库曼斯坦东部、乌兹别克斯坦东部、塔吉克斯坦、吉尔吉斯斯坦西部等地的部分区域累计降雪量 3.1～12.0 mm,上述地区的局部区域累计降雪量 12.1～24.0 mm,塔吉克斯坦局地累计降雪量 24.1～28.0 mm,12.1 mm 及以上区域主要集中在(62°—73°E,35°—42°N)(图 6.11a)。

(2)过程累计最大降雪中心:塔吉克斯坦(68.75°E,38.75°N)28.0 mm(图 6.11a)。

(3)逐日暴雪落区:15 日 2 个格点暴雪(土库曼斯坦东部、吉尔吉斯斯坦东部);16 日 60 个

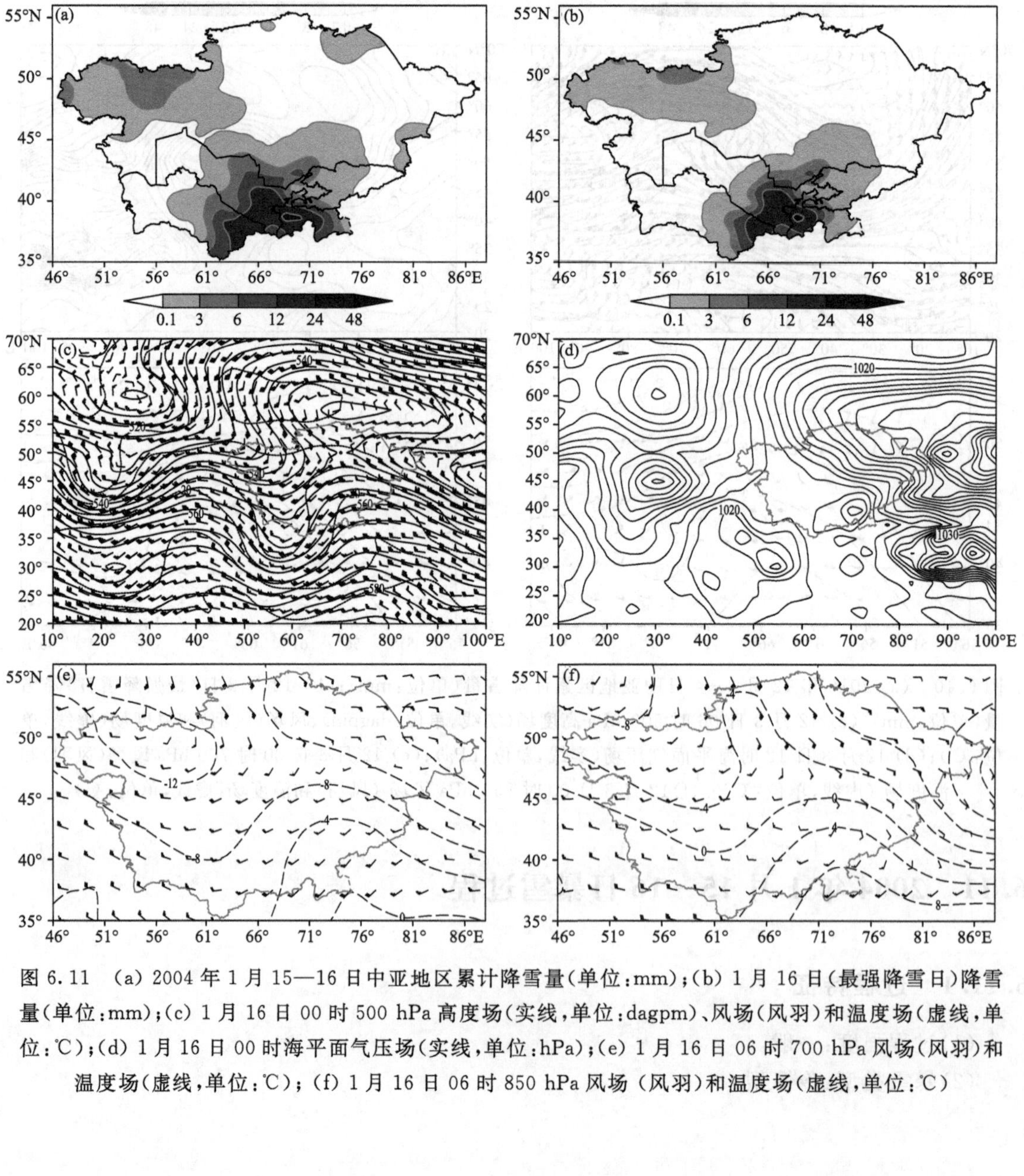

图 6.11　(a) 2004 年 1 月 15—16 日中亚地区累计降雪量(单位:mm);(b) 1 月 16 日(最强降雪日)降雪量(单位:mm);(c) 1 月 16 日 00 时 500 hPa 高度场(实线,单位:dagpm)、风场(风羽)和温度场(虚线,单位:℃);(d) 1 月 16 日 00 时海平面气压场(实线,单位:hPa);(e) 1 月 16 日 06 时 700 hPa 风场(风羽)和温度场(虚线,单位:℃);(f) 1 月 16 日 06 时 850 hPa 风场 (风羽)和温度场(虚线,单位:℃)

格点暴雪(乌兹别克斯坦东部、塔吉克斯塔坦西部、土库曼斯坦东部)、2个格点大暴雪(塔吉克斯坦)。共62个格点暴雪、2个格点大暴雪。

(4)日最大暴雪中心:塔吉克斯坦(68.75°E,38.75°N)16日27.2 mm,属大暴雪(图6.11b)。

6.11.3 环流形势及特征量

6.11.3.1 环流形势

(1)500 hPa环流:"两脊两槽(涡)"型,欧洲南部和巴尔喀什湖至印度半岛为"两脊",东欧地区和咸海至伊朗为"两槽(涡)",东欧低值系统底部低压槽东移推动下游高压脊发展快速东移,推动下游伊朗地区低压槽东移北上,影响中亚地区(图6.11c)。

(2)影响系统:200 hPa高空偏西急流,500 hPa伊朗低压槽,850～700 hPa低涡、切变线,地面暖低压、冷高压和冷锋。

6.11.3.2 特征量

(1)200 hPa:偏西急流位于伊朗地区,中心风速达68 m/s。

(2)500 hPa:低压槽位于咸海以南伊朗地区,576 dagpm等高线南压至25°N以南,中亚地区位于槽前西南急流中,最大风速28 m/s,位于(50°E,25°N)附近,低压槽配合有－24 ℃低温中心,－20 ℃等温线压至中亚地区。

(3)700 hPa:贝加尔湖西南部有低涡,中亚南部有西北风和西南风切变线(图6.11e)。

(4)850 hPa:中纬度低压槽不断东移过程中在咸海和贝加尔湖南部发展为低涡,伊朗高原有西北风与西南风切变线(图6.11f)。

(5)海平面气压:15日,东欧低压中心强度为990.0 hPa且沿偏西北方向东移南下,16日在中亚东南部形成1010.0 hPa的小低压中心,与蒙古冷高压形成等压线密集带,随着暖低压东移,蒙古冷高压中心强度达1045.0 hPa,且不断向西南方向移动,南北压差大,强冷锋造成中亚东南部暴雪(图6.11d)。

6.12 2010年2月5—7日暴雪过程

6.12.1 过程特征

(1)过程强度:一般。

(2)暴雪类型:暖锋＋冷锋型。

(3)暴雪落区:中亚暴雪、局地大暴雪。

6.12.2 降雪实况

(1)累计降雪量:哈萨克斯坦东部和南部、土库曼斯坦、乌兹别克斯坦、塔吉克斯坦、吉尔吉斯斯坦均出现降雪,土库曼斯坦、乌兹别克斯坦、塔吉克斯坦、吉尔吉斯斯坦等地累计降雪量3.1～12.0 mm,上述地区的部分区域累计降雪量12.1～35.3 mm,12.1 mm及以上区域主要集中在(53°—76°E,32°—45°N)(图6.12a)。

(2)过程累计最大降雪中心:土库曼斯坦(60.75°E,41.25°N)35.3 mm(图 6.12a)。

(3)逐日暴雪落区:5 日 39 个格点暴雪(乌兹别克斯坦、土库曼斯坦)、8 个格点大暴雪(土库曼斯坦);6 日 12 个格点暴雪(塔吉克斯坦);7 日 5 个格点暴雪(乌兹别克斯坦东南部)。共 56 个格点暴雪、8 个格点大暴雪。

(4)日最大暴雪中心:土库曼斯坦(60.75°E,41.25°N)5 日 33.8 mm,属大暴雪(图 6.12b)。

6.12.3 环流形势及特征量

6.12.3.1 环流形势

(1)500 hPa 环流:"两槽(涡)一脊"型,欧洲至伊朗地区为北脊南涡型,欧洲平原上空为高

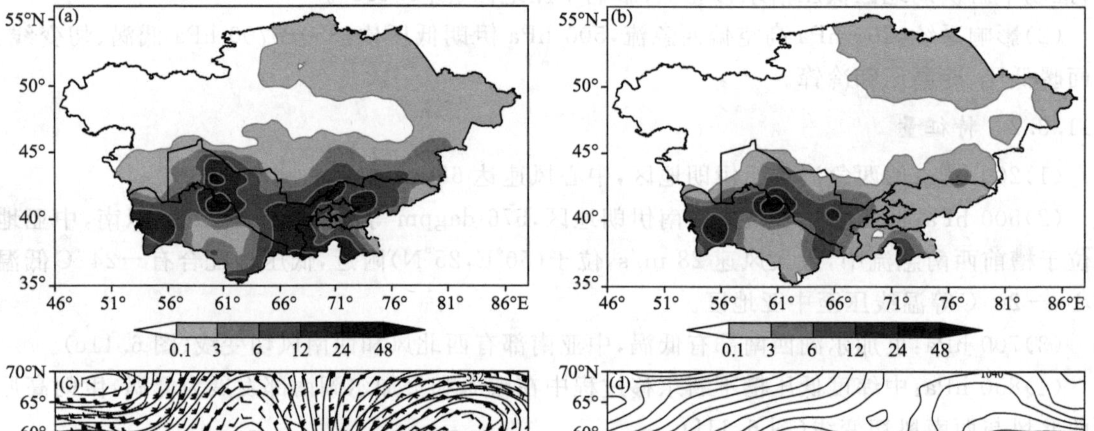

图 6.12 (a) 2010 年 2 月 5—7 日中亚地区累计降雪量(单位:mm);(b) 2 月 5 日(最强降雪日)降雪量(单位:mm);(c) 2 月 5 日 12 时 500 hPa 高度场(实线,单位:dagpm)、风场(风羽)和温度场(虚线,单位:℃);(d) 2 月 5 日 18 时海平面气压场(实线,单位:hPa);(e) 2 月 5 日 18 时 700 hPa 风场(风羽)和温度场(虚线,单位:℃);(f) 2 月 5 日 18 时 850 hPa 风场(风羽)和温度场(虚线,单位:℃)

压脊区，伊朗上空为低涡控制区，形成切断低压和阻塞高压的稳定形势；西西伯利亚为低涡活动区，锋区强盛。随着欧洲高压脊不断侵入和推动，5—7 日伊朗低涡东移过程中减弱为槽，其槽前西南气流与西西伯利亚低压槽底部锋区在中亚地区汇合，造成了暴雪天气(图 6.12c)。

(2)影响系统：200 hPa 高空偏西急流，500 hPa 伊朗低涡、西西伯利亚低压槽，850～700 hPa 偏南低空急流、气旋式辐合中心，地面欧洲冷高压、印度暖低压、冷锋。

6.12.3.2 特征量

(1)200 hPa：两支偏西急流控制区，南支偏西急流位于伊朗至印度一线，中心强度达 44 m/s，北支偏西急流位于巴尔喀什湖至中国新疆一线，中心强度为 48 m/s。

(2)500 hPa：西西伯利亚低压槽配合有－44 ℃低温中心，槽底最大偏西风 36 m/s，伊朗至印度上空低涡底部锋区为西南风，风速中心≥32 m/s。

(3)700 hPa：中亚上空有气旋式辐合中心，咸海南部西南急流≥20 m/s(图 6.12e)。

(4)850 hPa：5 日中亚上空有气旋式辐合中心，中亚至伊朗高原有≥16 m/s 的偏南急流，中亚南部偏东急流≥24 m/s，里海有气旋式辐合中心，温度脊、暖平流输送至中亚地区；6—7 日气旋辐合中心不断东移北上影响中亚，偏东风转为西北风、冷平流，锋区明显(图 6.12f)。

(5)海平面气压：5 日印度地区为宽广暖低压控制，中心强度为 1005.0 hPa，欧洲平原为强盛的冷高压控制，中心强度为 1045.0 hPa。5 日印度上空 850.0 hPa 为暖平流、偏南风控制，印度暖低压北抬东扩，与地面冷高压交汇剧烈，形成暖锋降雪过程。6—7 日印度暖低压移动时与中国南疆暖低压合并，欧洲冷高压前沿冷空气不断侵入，在巴尔喀什湖附近形成 1040.0 hPa 冷高压中心，冷空气势力强盛，造成冷锋暴雪过程(图 6.12d)。

6.13 2010 年 2 月 18—19 日暴雪过程

6.13.1 过程特征

(1)过程强度：一般。

(2)暴雪类型：暖锋＋冷锋型。

(3)暴雪落区：中亚东南部暴雪、局地大暴雪。

6.13.2 降雪实况

(1)累计降雪量：哈萨克斯坦、吉尔吉斯斯坦、塔吉克斯坦、土库曼斯坦、乌兹别克斯坦南部均出现降雪，哈萨克斯坦东南部、乌兹别克斯坦、吉尔吉斯斯坦、塔吉克斯坦等地的部分区域累计降雪量 3.1～12.0 mm，上述地区的部分区域累计降雪量 12.1～24.0 mm，哈萨克斯坦东南部、乌兹别克斯坦东部局地累计降雪量 24.1～52.0 mm，12.1 mm 及以上区域主要集中在(67°—76°E，40°—45°N)(图 6.13a)。

(2)过程累计最大降雪中心：吉尔吉斯斯坦(70.25°E，41.75°N)52.0 mm(图 6.13a)。

(3)逐日暴雪落区：18 日 13 个格点暴雪(哈萨克斯坦东南部、吉尔吉斯斯坦北部)；19 日 42 个格点暴雪(哈萨克斯坦东南部、乌兹别克斯坦东部、吉尔吉斯斯坦西部)、9 个格点大暴雪(吉尔吉斯斯坦)。共 55 个格点暴雪、9 个格点大暴雪。

(4)日最大暴雪中心：吉尔吉斯斯坦(70.25°E，41.75°N)19 日 34.2 mm，属大暴雪(图

6.13b)。

6.13.3　环流形势及特征量

6.13.3.1　环流形势

(1)500 hPa 环流:“纬向环流强锋区型”,西欧和中国新疆为高压脊区,东欧至西西伯利亚为宽广的低压槽活动区,中纬度为纬向环流。由于北支锋区加强,乌拉尔山低压槽加深发展,其底部锋区加强并与东移发展伊朗低压槽前西南急流汇合,且有风速辐合配合,造成中亚中南部暴雪(图 6.13c)。

(2)影响系统:200 hPa 高空偏西急流,500 hPa 低压槽锋区,850～700 hPa 西南低空急流、温度脊、暖平流,地面西西伯利亚暖低压、暖锋、冷锋。

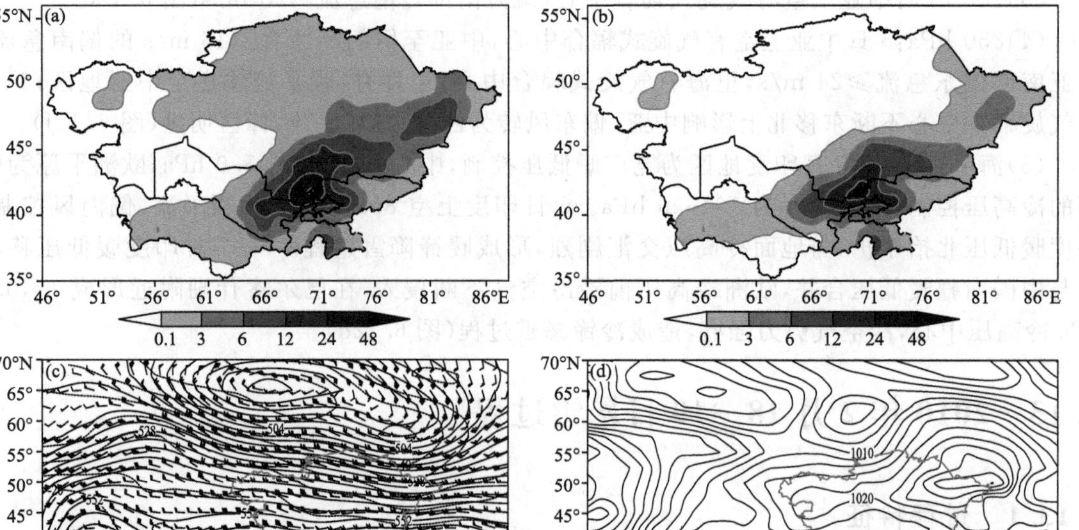

图 6.13　(a) 2010 年 2 月 18—19 日中亚地区累计降雪量(单位:mm);(b) 2 月 19 日(最强降雪日)降雪量(单位:mm);(c) 2 月 19 日 06 时 500 hPa 高度场(实线,单位:dagpm)、风场(风羽)和温度场(虚线,单位:℃);(d) 2 月 19 日 18 时海平面气压场(实线,单位:hPa);(e) 2 月 19 日 12 时 700 hPa 风场(风羽)和温度场(虚线,单位:℃);(f) 2 月 19 日 12 时 850 hPa 风场(风羽)和温度场(虚线,单位:℃)

6.13.3.2　特征量

(1)200 hPa：锋区较强，偏西急流位于欧洲至西西伯利亚上空，中心风速达 42 m/s。

(2)500 hPa：乌拉尔山低压槽槽底西南风急流≥32 m/s，−24～−32 ℃等温线控制哈萨克斯坦地区，锋区强盛。

(3)700 hPa：18 日中亚上空西南风强盛，西南急流≥ 26 m/s，风速辐合区位于哈萨克斯坦上空，19 日西风与西南风切变线位于吉尔吉斯斯坦上空(图 6.13e)。

(4)850 hPa：18 日中亚东部西南风强盛，西南急流≥22 m/s，温度脊控制着哈萨克斯坦地区，有暖平流不断输入其上空，随着冷空气侵入，西南风强度减弱，中亚东部上空有西风与西南风切变(图 6.13f)。

(5)海平面气压：18 日西西伯利亚存在强盛低压，中心强度达 980.0 hPa，外围控制巴尔喀什湖附近区域，中国新疆地区为 1040.0 hPa 冷高压控制，高低压之间气压梯度大形成明显锋区，由于 40°—45°N 850 hPa 西南风暖平流推动，地面低压推动中国新疆地面冷高压东移，在巴尔喀什湖附近形成明显暖锋降雪。19 日锋区底部冷空气不断侵入，东欧平原地面冷高压不断东扩增强(中心强度 1020.0 hPa)，推动西西比利亚低压北上，冷锋不断东移进入中亚地区，形成持续性冷锋降雪(图 6.13d)。

6.14　1998 年 2 月 12—14 日暴雪过程

6.14.1　过程特征

(1)过程强度：一般。

(2)暴雪类型：冷锋型。

(3)暴雪落区：中亚南部暴雪、局地大暴雪。

6.14.2　降雪实况

(1)累计降雪量：哈萨克斯坦、土库曼斯坦、乌兹别克斯坦、塔吉克斯坦、吉尔吉斯斯坦出现降雪，哈萨克斯坦、土库曼斯坦中东部、乌兹别克斯坦东部、塔吉克斯坦、吉尔吉斯斯坦西部等地的部分区域累计降雪量 3.1～12.0 mm，上述地区的局部区域累计降雪量 12.1～24.0 mm，哈萨克斯坦南部、土库曼斯坦东部的局地累计降雪量 24.1～36.0 mm，12.1 mm 及以上区域主要集中在(58°—71°E，32°—44°N)(图 6.14a)。

(2)过程累计最大降雪中心：哈萨克斯坦(69.25°E，41.75°N)36.0 mm(图 6.14a)。

(3)逐日暴雪落区：12 日 24 个格点暴雪(土库曼斯坦东部)；13 日 37 个格点暴雪(哈萨克斯坦南部、土库曼斯坦东部、乌兹别克斯坦东部、塔吉克斯坦西部、吉尔吉斯斯坦西部)；14 日 1 个格点暴雪(哈萨克斯坦南部)。共 62 个格点暴雪。

(4)日最大暴雪中心：哈萨克斯坦(69.25°E，41.75°N)13 日 21.8 mm，属暴雪(图 6.14b)。

6.14.3　环流形势及特征量

6.14.3.1　环流形势

(1)500 hPa 环流："两脊一槽"型，欧亚范围中高纬度呈两脊一槽，欧洲和中国新疆地区为高压脊区,乌拉尔山为低涡活动区,中纬度里海、黑海南部存在短波槽,配合有−28 ℃的低温中心,乌拉尔山低涡携带冷空气南压过程中,东欧弱高压脊减弱衰退,推动中纬度短波槽东移北上过程中影响中亚地区(图 6.14c)。

(2)影响系统:200 hPa 高空西南急流,500 hPa 里海、黑海低压槽,850～700 hPa 西南低空急流、切变线,地面冷高压、冷锋。

6.14.3.2　特征量

(1)200 hPa:西南急流位于里海地区南部,中心风速达 70 m/s(中亚地区达 40 m/s)。

(2)500 hPa:低压槽位于里海、黑海南部,低压槽 568 dagpm 等高线南压至 25°N 以南,槽前最大西南风 40 m/s,位于(48°E,25°N)附近,配合有−28 ℃低温中心,−24 ℃等温线压至中亚南部。

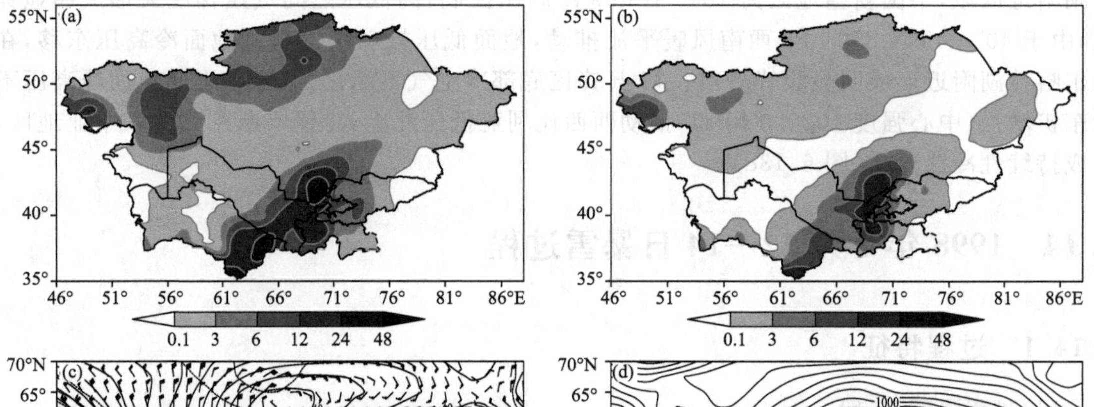

图 6.14　(a) 1998 年 2 月 12—14 日中亚地区累计降雪量(单位:mm);(b) 2 月 13 日(最强降雪日)降雪量(单位:mm);(c) 2 月 13 日 00 时 500 hPa 高度场(实线,单位:dagpm)、风场(风羽)和温度场(虚线,单位:℃);(d) 2 月 13 日 00 时海平面气压场(实线,单位:hPa);(e) 2 月 13 日 00 时 700 hPa 风场(风羽)和温度场(虚线,单位:℃);(f)2 月 13 日 00 时 850 hPa 风场 (风羽)和温度场(虚线,单位:℃)

(3)700 hPa:里海、咸海南部存在西北风和西南风的冷式切变线,西南风≥16 m/s,温度场配合有−12 ℃的冷槽(图 6.14e)。

(4)850 hPa:里海、咸海南部存在低涡及西北风与西南风的冷式切变线,配合有−8 ℃的低温槽,西北风引导冷空气南下与西南暖湿气流汇合,温度梯度逐渐加大,有利于冷锋锋生产生降雪(图 6.14f)。

(5)海平面气压:冷高压以偏西路径东移。12 日冷高压位于里海、黑海地区((45°E,40°N)附近),中心强度为 1035.0 hPa,与中亚以南地区的低压形成较大的气压梯度,其前沿存在冷锋,在高空引导气流作用下,冷高压东移,且强度减弱,其东南部冷锋随之东移影响中亚南部,造成大范围暴雪(图 6.14d)。

6.15　2010 年 12 月 23—24 日暴雪过程

6.15.1　过程特征

(1)过程强度:一般。

(2)暴雪类型:暖锋型。

(3)暴雪落区:中亚北部暴雪。

6.15.2　降雪实况

(1)累计降雪量:哈萨克斯坦出现降雪,其西部和东部的部分区域累计降雪量 3.1～12.0 mm,局部地区累计降雪量 12.1～23.0 mm;12.1 mm 及以上区域主要集中在(52°—65°E,48°—52°N)(图 6.15a)。

(2)过程累计最大降雪中心:哈萨克斯坦(59.25°E,48.25°N)23.0 mm(图 6.15a)。

(3)逐日暴雪落区:23 日 54 个格点暴雪(哈萨克斯坦西部);24 日 8 个格点暴雪(哈萨克斯坦东部)。共 62 个格点暴雪。

(4)日最大暴雪中心:哈萨克斯坦(59.25°E,48.25°N)23 日 17.6 mm,属暴雪(图 6.15b)。

6.15.3　环流形势及特征量

6.15.3.1　环流形势

(1)500 hPa 环流:“纬向强锋区”型,高纬度(50°N 以北)为纬向环流,欧洲至西西伯利亚地区为宽广低压槽区(50°—60°N,30°—70°E),巴尔喀什湖低压槽南至 30°N,地中海—里海为高压脊区。巴尔喀什湖低压槽和低涡底部短波分别造成暴雪过程:23 日高压脊不断发展北挺东移,推动巴尔喀什湖低涡东移北上,影响中亚地区,24 日巴尔喀什湖低压槽移出哈萨克斯坦后,西西伯利亚低涡逆时针旋转,底部短波继续造成中亚北部暴雪天气(图 6.15c)。

(2)影响系统:200 hPa 高空偏西急流,500 hPa 巴尔喀什湖低压槽,850～700 hPa 偏西低空急流,地面低压、冷高压。

6.15.3.2　特征量

(1)200 hPa:极锋锋区较强,偏西急流位于欧洲至西西伯利亚上空,中心风速达 48 m/s,

副热带锋区在伊朗至印度一带,中心风速达 52 m/s。

(2)500 hPa:咸海低压槽 564 dagpm 等高线南压至 30°N,槽西南急流中心为 22 m/s,西南风急流自西向东影响哈萨克斯坦,24 日西西伯利亚低涡偏西急流增强至 34～36 m/s。

(3)700 hPa:23—24 日哈萨克斯坦北部有≥26 m/s 偏西风急流,风速辐合区稳定存在(图 6.15e)。

(4)850 hPa:23 日中高纬度(45°—53°N、50°—90°E)≥22 m/s 的偏西急流,温度脊控制哈萨克斯坦东部地区,暖平流不断输入,存在西风和西南风切变线(图 6.15f)。

(5)海平面气压:23 日西西伯利亚存在强盛低压,中心强度达 1005.0 hPa,低压外围控制哈萨克斯坦地区,伊朗至中国新疆地区有 3 个强冷高压,伊朗高压 1035.0 hPa、塔什干冷高压

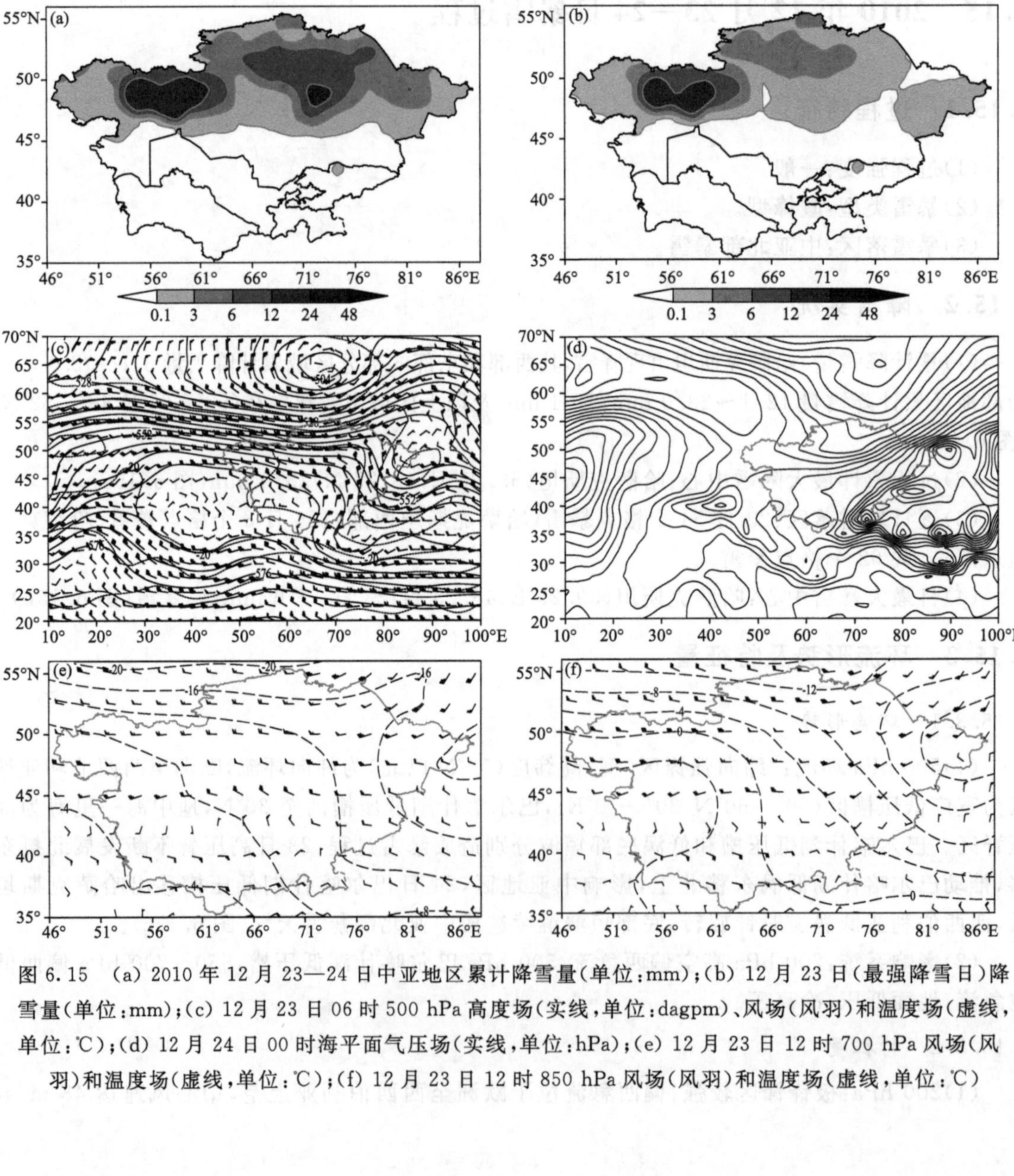

图 6.15　(a) 2010 年 12 月 23—24 日中亚地区累计降雪量(单位:mm);(b) 12 月 23 日(最强降雪日)降雪量(单位:mm);(c) 12 月 23 日 06 时 500 hPa 高度场(实线,单位:dagpm)、风场(风羽)和温度场(虚线,单位:℃);(d) 12 月 24 日 00 时海平面气压场(实线,单位:hPa);(e) 12 月 23 日 12 时 700 hPa 风场(风羽)和温度场(虚线,单位:℃);(f) 12 月 23 日 12 时 850 hPa 风场(风羽)和温度场(虚线,单位:℃)

1050.0 hPa、中国新疆北部地区冷高压 1045.0 hPa，高低压之间气压梯度大形成明显锋区，受 45°—50°N 850 hPa 西南风暖平流推动，西西伯利亚地面低压有所加强，其外围向南发展，在哈萨克斯坦地区形成明显暖锋降雪（图 6.15d）。

6.16　2012 年 2 月 19—21 日暴雪过程

6.16.1　过程特征

(1)过程强度：一般。

(2)暴雪类型：冷锋型。

(3)暴雪落区：中亚东部和南部暴雪、局地大暴雪。

6.16.2　降雪实况

(1)累计降雪量：哈萨克斯坦东部、吉尔吉斯斯坦、塔吉克斯坦、土库曼斯坦、乌兹别克斯坦均出现降雪，乌兹别克斯坦、塔吉克斯坦、吉尔吉斯斯坦、哈萨克斯坦东部等地的部分区域累计降雪量 3.1～12.0 mm，吉尔吉斯斯坦、乌兹别克斯坦东部、哈萨克斯坦东部累计降雪量 12.1～24.0 mm，上述地区的局地累计降雪量 24.1～41.9 mm，12.1 mm 及以上区域主要集中在(64°—71°E，36°—44°N)（图 6.16a）。

(2)过程累计最大降雪中心：塔吉克斯坦(67.75°E，41.25°N)41.9 mm（图 6.16a）。

(3)逐日暴雪落区：19 日 10 个格点暴雪（乌兹别克斯坦局地）；20 日 45 个格点暴雪（乌兹别克斯坦东部、塔吉克斯坦、吉尔吉斯斯坦）、4 个格点大暴雪（乌兹别克斯坦东部）；21 日 2 个格点暴雪（塔吉克斯局部）。共 57 个格点暴雪、4 个格点大暴雪。

(4)日最大暴雪中心：乌兹别克斯坦(67.75°E，40.25°N)20 日 27.5 mm，属大暴雪（图 6.16b）。

6.16.3　环流形势及特征量

6.16.3.1　环流形势

(1)500 hPa 环流："中亚低涡"型，东欧平原为阻塞高压，伊朗高原为阻塞低涡区，西西伯利亚为横槽区。地中海高压脊发展北挺与衰退的东欧脊同位相叠加，推动伊朗高原低压槽东移北上，此时西西伯利亚横槽有所加深南压西退，两者在中亚地区相遇，在脊前冷空气南下补充作用下，低压槽发展为中心为−36 ℃的中亚低涡，造成中亚暴雪（图 6.16c）。

(2)影响系统：200 hPa 高空西北急流，500 hPa 伊朗低压槽，850～700 hPa 偏西低空急流、气旋辐合中心，地面冷高压、冷锋。

6.16.3.2　特征量

(1)200 hPa：副热带锋区强盛，偏西北急流在 25°—35°N 附近，中心风速≥66 m/s。

(2)500 hPa：中亚低涡中心强度为 528 dagpm，568 dagpm 等高线南压至 25°—35°N，配合有−36 ℃低温中心，低涡底部强盛西南急流≥40 m/s。

(3)700 hPa：中亚为气旋性辐合中心，低涡前存在西南风和西北风切变，低涡不断东移北上影响中亚地区(图 6.16e)。

(4)850 hPa:哈萨克斯坦上空维持气旋性辐合中心,低涡前西南风速≥16 m/s,并有西风和西南风切变线维持,槽底存在明显冷平流,等温线密集,锋区明显(图 6.16f)。

(5)海平面气压:19 日欧洲地区为宽广的冷高压控制区,中心达 1035.0 hPa,1010.0 hPa 低压中心位于伊朗高原地区,20 日欧洲冷高压中心强度增强至 1040.0 hPa,与黑海冷高压合并,20 日夜间,里海冷高压发展强盛,中心强度达 1045.0 hPa,冷高压前端与东移北上的地面低压形成强盛冷锋,冷锋东移造成中亚暴雪(图 6.16d)。

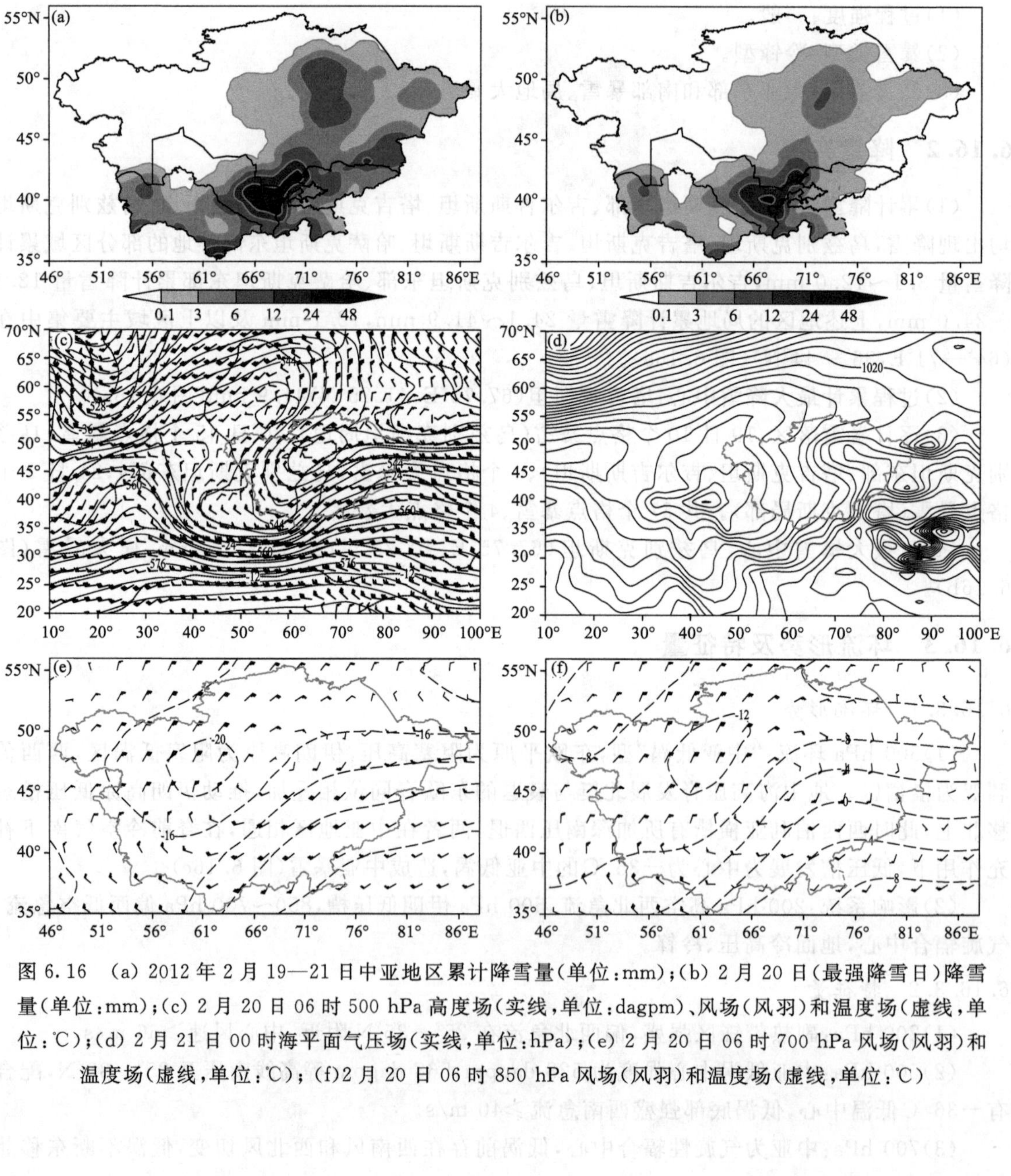

图 6.16 (a) 2012 年 2 月 19—21 日中亚地区累计降雪量(单位:mm);(b) 2 月 20 日(最强降雪日)降雪量(单位:mm);(c) 2 月 20 日 06 时 500 hPa 高度场(实线,单位:dagpm)、风场(风羽)和温度场(虚线,单位:℃);(d) 2 月 21 日 00 时海平面气压场(实线,单位:hPa);(e) 2 月 20 日 06 时 700 hPa 风场(风羽)和温度场(虚线,单位:℃);(f)2 月 20 日 06 时 850 hPa 风场(风羽)和温度场(虚线,单位:℃)

6.17　2012 年 12 月 26—27 日暴雪过程

6.17.1　过程特征

（1）过程强度：一般。

（2）暴雪类型：冷锋型。

（3）暴雪落区：中亚东部和南部暴雪、局地大暴雪。

6.17.2　降雪实况

（1）累计降雪量：哈萨克斯坦东部和南部、乌兹别克斯坦、吉尔吉斯斯坦、土库曼斯坦南部出现降雪，部分地区累计降雪量 3.1～12.0 mm，乌兹别克斯坦东部、土库曼斯坦南部的局地累计降雪量 12.1～24.1 mm，局部地区 24.1～32.3 mm 主要集中在（58°—74°E，35°—40°N）（图 6.17a）。

（2）过程累计最大降雪中心：土库曼斯坦南部（62.75°E，35.25°N）32.3 mm（图 6.17a）。

（3）逐日暴雪落区：26 日 23 个格点暴雪（土库曼斯坦、哈萨克斯坦东南部）；27 日 36 个格点暴雪（土库曼斯坦、乌兹别克斯坦南部、塔吉克斯坦）。共 59 个格点暴雪。

（4）日最大暴雪中心：土库曼斯坦（62.75°E，35.25°N）27 日 20.5 mm，属暴雪（图 6.17b）。

6.17.3　环流形势及特征量

6.17.3.1　环流形势

（1）500 hPa 环流："一脊一槽（阶梯槽）"型，26 日欧洲地区为高压脊区，西伯利亚至亚洲地区有三段低压槽活动，北段在西伯利亚上空，中段位于中亚地区，南段在伊朗地区；由于欧洲高压脊发展北挺，推动三段低压槽不断东移，其中中段和南段低压槽在中亚五国合并并南压至 20°N 形成低涡，风速辐合区和等温线密集带不断东移造成中亚地区暴雪天气（图 6.17c）。

（2）影响系统：200 hPa 高空急流，500 hPa 中亚低压槽，850～700 hPa 西南低空急流、气旋式辐合中心，地面冷高压、冷锋。

6.17.3.2　特征量

（1）200 hPa：副热带锋区位于（40°—90°E，20°—45°N），急流最强中心达 80 m/s，急流轴在中亚地区上空。

（2）500 hPa：低涡中心 552 dagpm，位于 35°N，槽底南压至 20°N，槽底最大风速 30 m/s。

（3）700 hPa：伊朗高原至中亚南部为低涡活动区，伊朗高原上空有气旋式辐合中心，低涡前风切变并配合西南急流（≥22 m/s），低涡不断东移北上影响中亚地区（图 6.17e）。

（4）850 hPa：−8 ℃低温中心和温度槽位于伊朗高原，中亚地区有≥16 m/s 偏北气流和明显的冷平流，西北风和西南风切变与之配合（图 6.17f）。

（5）海平面气压：哈萨克斯坦地区为地面冷高压，中心强度 1040.0 hPa，印度地区为地面低压区，随着冷空气侵入，地面冷高压以偏西路径影响中亚地区，且强度不断加强至 1050.0 hPa，地面高压和低压间等压线密集，冷高压前端形成冷锋，造成了中亚地区暴雪过程（图 6.17d）。

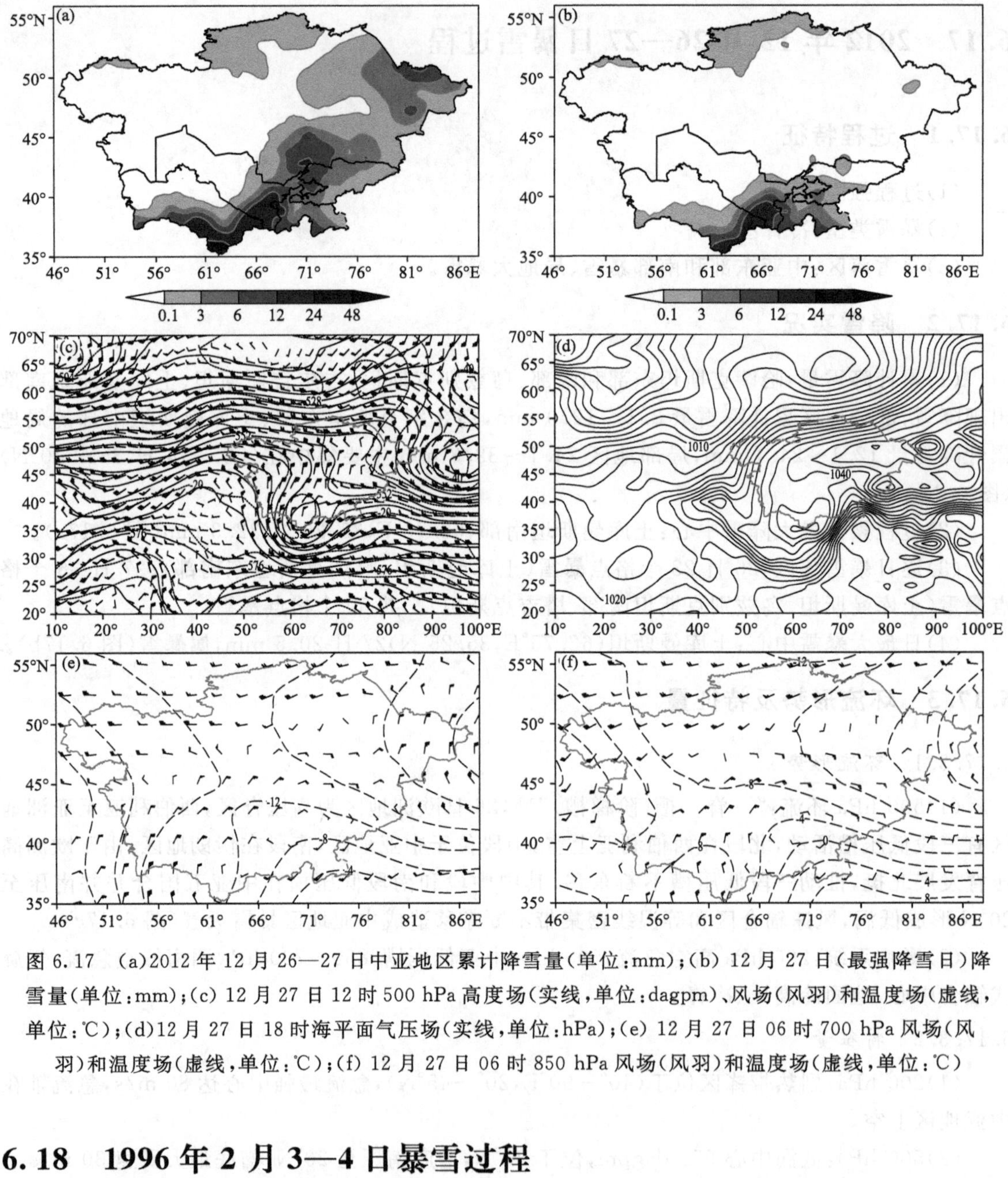

图 6.17　(a)2012 年 12 月 26—27 日中亚地区累计降雪量(单位:mm);(b) 12 月 27 日(最强降雪日)降雪量(单位:mm);(c) 12 月 27 日 12 时 500 hPa 高度场(实线,单位:dagpm)、风场(风羽)和温度场(虚线,单位:℃);(d)12 月 27 日 18 时海平面气压场(实线,单位:hPa);(e) 12 月 27 日 06 时 700 hPa 风场(风羽)和温度场(虚线,单位:℃);(f) 12 月 27 日 06 时 850 hPa 风场(风羽)和温度场(虚线,单位:℃)

6.18　1996 年 2 月 3—4 日暴雪过程

6.18.1　过程特征

(1)过程强度:一般。

(2)暴雪类型:冷锋型。

(3)暴雪落区:中亚南部暴雪。

6.18.2　降雪实况

(1)累计降雪量:哈萨克斯坦、土库曼斯坦中东部、乌兹别克斯坦东部、塔吉克斯坦、吉尔吉斯斯坦出现降雪,哈萨克斯坦南部和东部、土库曼斯坦东部、乌兹别克斯坦东部、塔吉克斯坦、吉尔吉斯斯坦西部等地的部分区域累计降雪量 3.1～12.0 mm,哈萨克斯坦南部、土库曼斯坦中东部、乌兹别克斯坦东部、塔吉克斯坦西部等地的局地累计降雪量 12.1～28.0 mm,12.1 mm 及以上区域主要集中在(61°—72°E,36°—44°N)(图 6.18a)。

(2)过程累计最大降雪中心:哈萨克斯坦(70.25°E,42.25°N)28.0 mm(图 6.18a)

(3)逐日暴雪落区:3 日 44 个格点暴雪(哈萨克斯坦南部、土库曼斯坦东部、乌兹别克斯坦

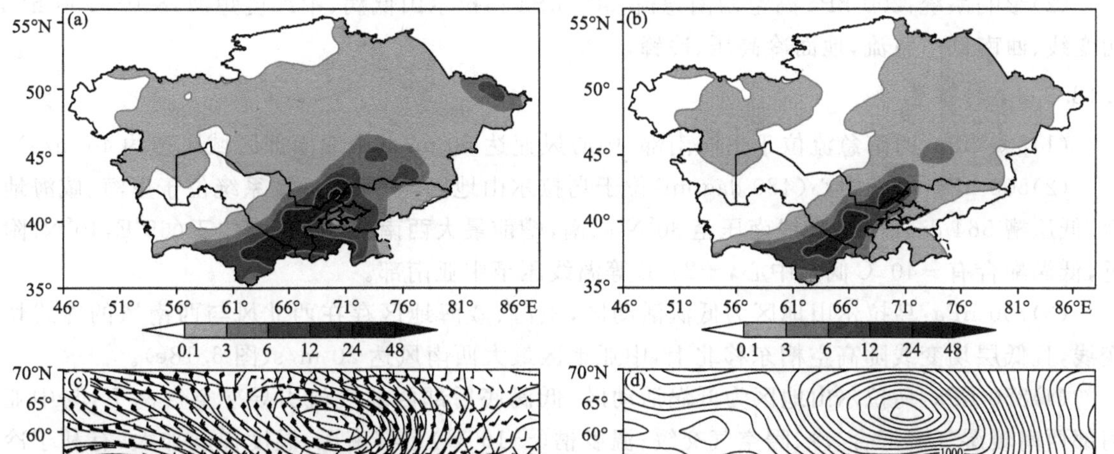

图 6.18　(a) 1996 年 2 月 3—4 日中亚地区累计降雪量(单位:mm);(b) 2 月 3 日(最强降雪日)降雪量(单位:mm);(c) 2 月 3 日 00 时 500 hPa 高度场(实线,单位:dagpm)、风场(风羽)和温度场(虚线,单位:℃);(d) 2 月 3 日 00 时海平面气压场(实线,单位:hPa);(e) 2 月 3 日 06 时 700 hPa 风场(风羽)和温度场(虚线,单位:℃);(f) 2 月 3 日 12 时 850 hPa 风场(风羽)和温度场(虚线,单位:℃)

东部);4 日 13 个格点暴雪(乌兹别克斯坦东部、塔吉克斯坦)。共 57 个格点暴雪。

(4)日最大暴雪中心:哈萨克斯坦(70.25°E,42.25°N)3 日 19.2 mm,属暴雪(图 6.18b)。

6.18.3　环流形势及特征量

6.18.3.1　环流形势

(1)500 hPa 环流:"两脊一槽"型,欧洲南部和中国新疆地区为高压脊区,乌拉尔山地区为低涡活动区,里海、咸海地区存在中纬度短波槽,乌拉尔山低涡逆时针旋转过程中与中纬度短波系统相接,槽前西南气流影响中亚地区,随着上游不稳定小槽侵袭,欧洲南部高压脊减弱衰退过程中推动低压槽东移北上,影响中亚地区(图 6.18c)。

(2)影响系统:200 hPa 高空西南急流,500 hPa 乌拉尔山低涡、中纬度短波,850～700 hPa 切变线、西南低空急流,地面冷高压、冷锋。

6.18.3.2　特征量

(1)200 hPa:西南急流位于里海南部,中心风速达 60 m/s(中亚南部区域风速约 40 m/s)。

(2)500 hPa:低涡中心(480 dagpm)位于乌拉尔山地区,中纬度短波系统位于里海、咸海地区,低压槽 564 dagpm 等高线南压至 30°N 以南,槽前最大西南风 28 m/s,位于(65°E,40°N)附近,低涡配合有－40 ℃低温中心,－24 ℃等温线压至中亚南部。

(3)700 hPa:乌拉尔山地区为低涡活动区,里海、咸海地区存在西北风与西南风的冷式切变线,且低层切变线随高空槽东移北上,中亚地区最大西南风达 20 m/s(图 6.18e)。

(4)850 hPa:乌拉尔山地区为低涡活动区,低涡底后部西北气流引导冷空气南下,与中亚南部西南暖湿气流汇合,冷、暖空气交绥;温度槽(－16 ℃)东移南压,温度梯度加大,有利于冷锋锋生产生暴雪(图 6.18f)。

(5)海平面气压:冷高压以偏西路径移动,地面冷高压中心强度为 1030.0 hPa,位于咸海南部(60°E,38°N)附近,由于里海、咸海西部不断有小高压生成、发展、东移,补充至中亚地区冷高压中,致使冷高压东移过程中加强至 1037.5 hPa,与中国青藏高原附近低压形成 25.0 hPa 气压差,气压梯度大,故冷高压东移过程中其东南部强冷锋造成中亚南部大范围暴雪(图 6.18d)。

6.19　2020 年 2 月 21—23 日暴雪过程

6.19.1　过程特征

(1)过程强度:一般。

(2)暴雪类型:冷锋型。

(3)暴雪落区:中亚西南部暴雪。

6.19.2　降雪实况

(1)累计降雪量:哈萨克斯坦中部和东部、土库曼斯坦、乌兹别克斯坦、塔吉克斯坦西部、吉尔吉斯斯坦等地出现降雪,上述地区的部分区域累计降雪量 3.1～12.0 mm,哈萨克斯坦南部和东部、土库曼斯坦西部、乌兹别克斯坦南部局地累计降雪量 12.1～19.0 mm,12.1 mm 及以上区域主要集中在(54°—63°E,38°—42°N)(图 6.19a)。

(2)过程累计最大降雪中心:土库曼斯坦(58.75°E,39.25°N)19.0 mm(图 6.19a)。

(3)逐日暴雪落区:21 日 52 个格点暴雪(土库曼斯坦西部、乌兹别克斯坦南部);22 日 1 个格点暴雪(哈萨克斯坦南部);23 日 3 个格点暴雪(哈萨克斯坦东部)。共 56 个格点暴雪。

(4)日最大暴雪中心:土库曼斯坦(58.75°E,39.25°N)21 日 18.2 mm,属暴雪(图 6.19b)。

6.19.3　环流形势及特征量

6.19.3.1　环流形势

(1)500 hPa 环流:"纬向多波动"型,中纬度以纬向环流为主,多短波活动,地中海、伊朗和

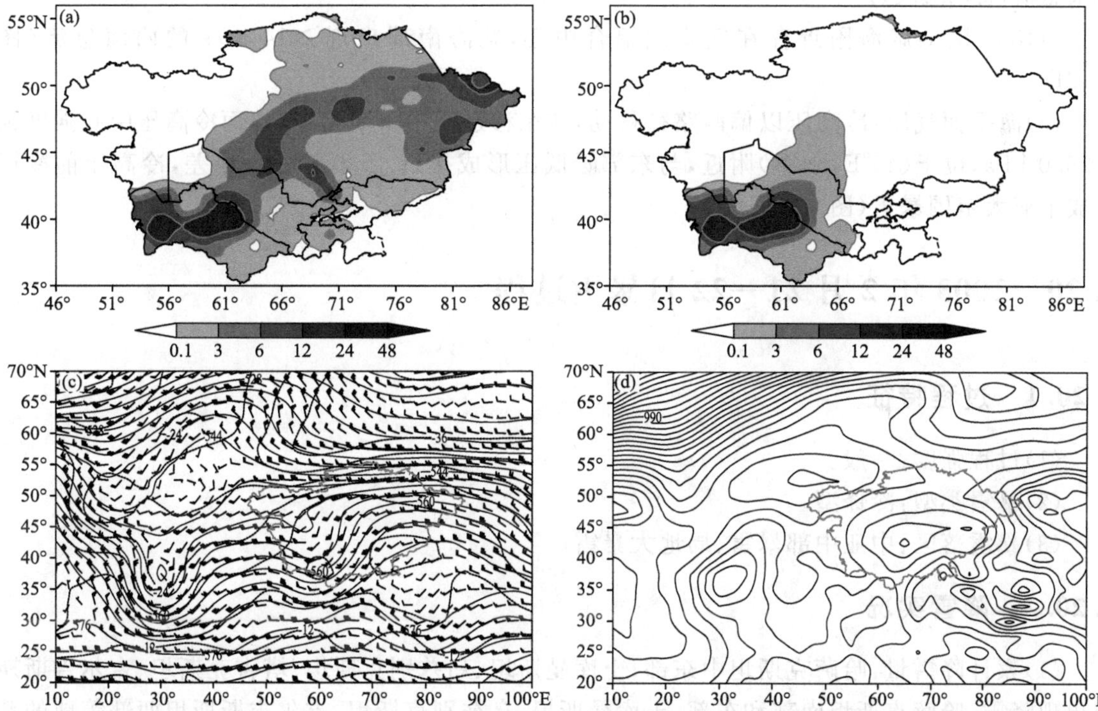

图 6.19　(a) 2020 年 2 月 21—23 日中亚地区累计降雪量(单位:mm);(b) 2 月 21 日(最强降雪日)降雪量(单位:mm);(c) 2 月 21 日 12 时 500 hPa 高度场(实线,单位:dagpm)、风场(风羽)和温度场(虚线,单位:℃);(d) 2 月 21 日 12 时海平面气压场(实线,单位:hPa);(e) 2 月 21 日 06 时 700 hPa 风场(风羽)和温度场(虚线,单位:℃);(f)2 月 21 日 06 时 850 hPa 风场(风羽)和温度场(虚线,单位:℃)

中国新疆地区为高压脊区，黑海南部和中亚地区为低压槽活动区，随着上游伊朗高压脊发展东移，推动中亚低压槽减弱东移影响中亚地区(图 6.19c)。

(2)影响系统：200 hPa 高空偏西急流，500 hPa 中亚低压槽，850～700 hPa 切变线(气旋式辐合中心)、西南急流，地面冷高压、冷锋。

6.19.3.2　特征量

(1)200 hPa：偏西急流位于里海地区南部，中心风速达 48 m/s。

(2)500 hPa：低压槽 568 dagpm 等高线南压至 35°N 以南，槽底最大西南风 20 m/s，位于(64°E,40°N)附近，低压槽配合有－20 ℃低温中心，－20 ℃等温线压至中亚西部。

(3)700 hPa：里海至咸海存在西北风和西南风的冷式切变线，咸海南部出现≥18 m/s 的西南急流(图 6.19e)。

(4)850 hPa：咸海附近存在气旋式辐合中心，咸海南部出现≥14 m/s 的西南急流(图 6.19f)。

(5)海平面气压：冷高压以偏西路径移动，在东移过程中不断增强，地面冷高压中心强度为 1025.0 hPa，位于(45°E,53°N)附近，与东部暖低压形成接近 15.0 hPa 气压差，冷高压前冷锋造成中亚大范围暴雪(图 6.19d)。

6.20　2003 年 2 月 21—22 日暴雪过程

6.20.1　过程特征

(1)过程强度：一般。

(2)暴雪类型：冷锋型。

(3)暴雪落区：中亚中部暴雪、局地大暴雪。

6.20.2　降雪实况

(1)累计降雪量：哈萨克斯坦中东部、土库曼斯坦、乌兹别克斯坦、塔吉克斯坦、吉尔吉斯斯坦出现降雪，哈萨克斯坦南部和东部、土库曼斯坦、乌兹别克斯坦、吉尔吉斯斯坦西部等地的部分区域累计降雪量 3.1～12.0 mm，哈萨克斯坦南部局地累计降雪量 12.1～32.0 mm，12.1 mm 及以上区域主要集中在(65°—71°E,41°—46°N)(图 6.20a)。

(2)过程累计最大降雪中心：哈萨克斯坦(68.75°E,43.75°N)32.0 mm(图 6.20a)。

(3)逐日暴雪落区：21 日 51 个格点暴雪(哈萨克斯坦南部)、2 个格点大暴雪(哈萨克斯坦南部)；22 日 1 个格点暴雪(哈萨克斯坦南部)。共 52 个格点暴雪、2 个格点大暴雪。

(4)日最大暴雪中心：哈萨克斯坦(68.75°E,43.75°N)21 日 25.2 mm，大暴雪(图 6.20b)。

6.20.3　环流形势及特征量

6.20.3.1　环流形势

(1)500 hPa 环流："两脊一涡"型，高纬度欧洲和西西伯利亚地区为高压脊区，乌拉尔山地区为低压槽活动区，中纬度黑海地区存在低涡系统，欧洲高压脊前强东北风引导极地冷空气南下，与黑海低压槽槽前西南暖湿气流在中亚地区汇合，冷、暖气流交汇剧烈，受上游不稳定小槽侵袭，欧洲高压脊向东南衰退，推动黑海低涡逆时针旋转南下，槽前为正涡度平流，配合有利的水汽输送条件，造成此次中亚降雪天气(图 6.20c)。

(2)影响系统：200 hPa 高空西南急流，500 hPa 里海低涡，850～700 hPa 低涡、西南低空急流，地面冷高压、冷锋。

6.20.3.2　特征量

(1)200 hPa：21 日乌拉尔山至黑海地区为低压槽活动区，槽前西南气流达 42 m/s，随南、北两支系统分支，乌拉尔山地区低压槽东移，黑海地区形成低涡系统，低涡前部西南气流继续影响中亚地区，槽前西南气流达 30 m/s。

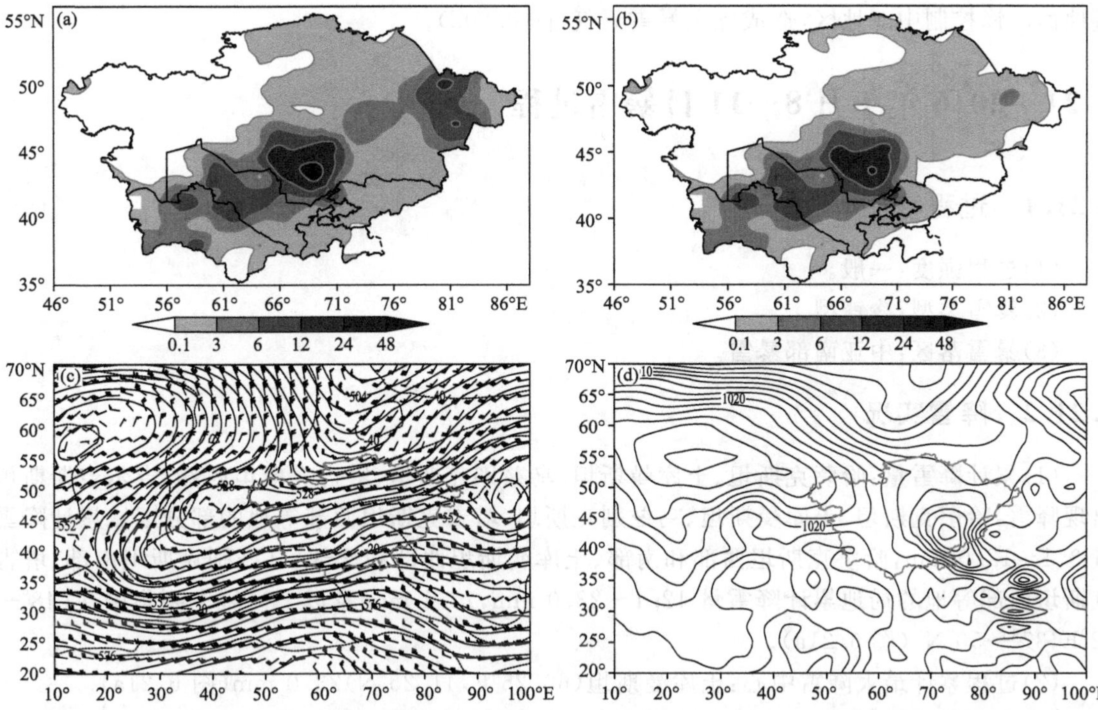

图 6.20　(a) 2003 年 2 月 21—22 日中亚地区累计降雪量(单位：mm)；(b) 2 月 21 日(最强降雪日)降雪量(单位：mm)；(c) 2 月 21 日 06 时 500 hPa 高度场(实线，单位：dagpm)、风场(风羽)和温度场(虚线，单位：℃)；(d) 2 月 21 日 12 时海平面气压场(实线，单位：hPa)；(e) 2 月 21 日 12 时 700 hPa 风场(风羽)和温度场(虚线，单位：℃)；(f)2 月 21 日 12 时 850 hPa 风场(风羽)和温度场(虚线，单位：℃)

(2)500 hPa:低涡中心(528 dagpm)位于黑海地区,低压槽 560 dagpm 等高线南压至 30°N 以南,低涡配合有－36 ℃低温中心,－24 ℃等温线压至中亚南部。

(3)700 hPa:里海、黑海以北地区存在低涡系统,配合有－20 ℃的低温中心,低涡前部西南急流＞12 m/s(图 6.20e)。

(4)850 hPa:里海、黑海以北地区存在低涡系统,强西北急流引导冷空气南下,与低涡前部西南暖湿气流汇合,冷暖空气交绥,等温线变密集,温度梯度加大,有利于冷锋锋生(图 6.20f)。

(5)海平面气压:冷高压以偏西路径移动,东移过程中发展加强。21 日冷高压中心位于西欧(20°E,58°N),中心强度为 1027.5 hPa;22 日东移至(25°E,53°N)附近,中心强度 1037.5 hPa,冷高压与巴尔喀什湖以南地区的暖低压形成明显的气压梯度,冷、暖气流交汇明显,高压前沿强盛地面冷锋控制中亚地区,造成此次暴雪天气(图 6.20d)。

6.21　2016 年 1 月 8—11 日暴雪过程

6.21.1　过程特征

(1)过程强度:一般。

(2)暴雪类型:冷锋型。

(3)暴雪落区:中亚南部暴雪。

6.21.2　降雪实况

(1)累计降雪量:哈萨克斯坦、土库曼斯坦、乌兹别克斯坦、塔吉克斯坦西部、吉尔吉斯斯坦出现降雪,哈萨克斯坦、土库曼斯坦、乌兹别克斯坦、塔吉克斯坦西部等地的部分区域累计降雪量 3.1～12.0 mm,哈萨克斯坦西部和南部、土库曼斯坦西部和北部、乌兹别克斯坦南部、塔吉克斯坦西部等地的局地累计降雪量 12.1～23.0 mm,12.1 mm 及以上区域主要集中在(48°—72°E,37°—50°N)(图 6.21a)。

(2)过程累计最大降雪中心:土库曼斯坦(60.25°E,41.25°N)23.0 mm(图 6.21a)。

(3)逐日暴雪落区:8 日 4 个格点暴雪(哈萨克斯坦南部);9 日 2 个格点暴雪(哈萨克斯坦西部);10 日 33 个格点暴雪(土库曼斯坦西部);11 日 12 个格点暴雪(哈萨克斯坦南部、土库曼斯坦北部、乌兹别克斯坦南部和塔吉克斯坦西部)。共 51 个格点暴雪。

(4)日最大暴雪中心:土库曼斯坦(56.25°E,38.75°N)10 日 19.1 mm,属暴雪(图 6.21b)。

6.21.3　环流形势及特征量

6.21.3.1　环流形势

(1)500 hPa 环流:“两脊两槽”型,西欧和中亚地区为高压脊区,东欧至伊朗和西伯利亚南部为低压槽活动区,随着上游高压脊发展,北方冷空气向东欧至伊朗低压槽补充,推动低压槽加深东移影响中亚地区(图 6.21c)。

(2)影响系统:200 hPa 高空偏西气流,500 hPa 伊朗低压槽,850～700 hPa 切变线、偏西或偏西南急流,地面冷高压、冷锋。

6.21.3.2　特征量

(1)200 hPa:偏西气流位于黑海地区,中心风速达 38 m/s。

(2)500 hPa:低压槽 560 dagpm 等高线南压至 35°N 以南,槽底最大偏西风 26 m/s,位于(55°E,33°N)附近,低压槽配合有 −40 ℃低温中心,−24 ℃等温线压至中亚西南部 35°N 附近。

(3)700 hPa:伊朗存在西北风和西南风的冷式切变线,出现≥20 m/s 的偏西南急流(图 6.21e)。

(4)850 hPa:伊朗北部存在偏北风和西南风的冷式切变线,里海西部出现≥20 m/s 的偏西急流(图 6.21f)。

(5)海平面气压:冷高压以偏西路径移动,在东移过程中有所加强,中心强度为 1027.5 hPa,位

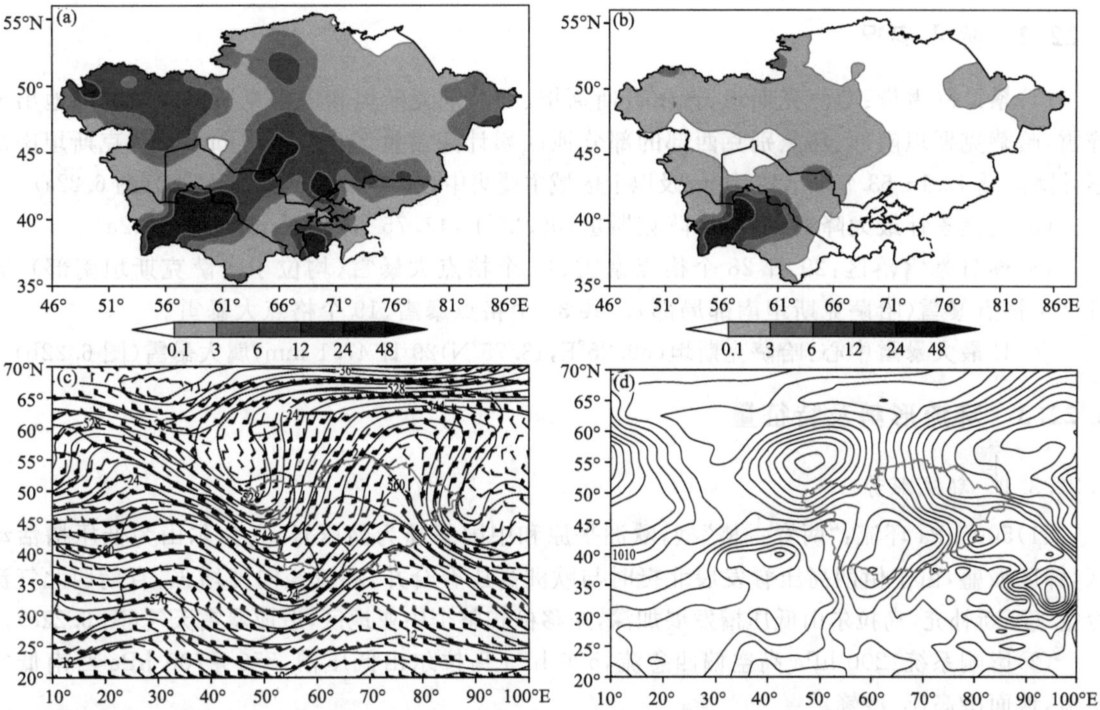

图 6.21　(a) 2016 年 1 月 8—11 日中亚地区累计降雪量(单位:mm);(b) 1 月 10 日(最强降雪日)降雪量(单位:mm);(c) 1 月 10 日 12 时 500 hPa 高度场(实线,单位:dagpm)、风场(风羽)和温度场(虚线,单位:℃);(d) 1 月 10 日 06 时海平面气压场(实线,单位:hPa);(e) 1 月 11 日 06 时 700 hPa 风场(风羽)和温度场(虚线,单位:℃);(f) 1 月 10 日 12 时 850 hPa 风场(风羽)和温度场(虚线,单位:℃)

于(42°E,40°N)附近,冷高压和咸海附近 1010.0 hPa 的暖低压之间气压差接近 20.0 hPa,冷高压前沿冷锋造成中亚大范围暴雪(图 6.21d)。

6.22　2011 年 12 月 29—30 日暴雪过程

6.22.1　过程特征

(1)过程强度:一般。

(2)暴雪类型:冷锋型。

(3)暴雪落区:中亚东部暴雪、局地大暴雪。

6.22.2　降雪实况

(1)累计降雪量:哈萨克斯坦、吉尔吉斯斯坦、乌兹别克斯坦和塔吉克斯坦等地的局地出现降雪,哈萨克斯坦南部、乌兹别克西部的部分地区累计降雪量 3.0～12.0 mm,哈萨克斯坦南部累计降雪量 12.1～53.7 mm,12.1mm 及以上区域主要集中在(67°—72°E,42°—46°N)(图 6.22a)。

(2)过程累计最大降雪中心:哈萨克斯坦(69.25°E,43.75°N)53.7 mm(图 6.22a)。

(3)逐日暴雪落区:29 日 28 个格点暴雪、19 个格点大暴雪(均位于哈萨克斯坦南部);30 日 2 个格点暴雪(哈萨克斯坦南部局部)。共 30 个格点暴雪、19 个格点大暴雪。

(4)日最大暴雪中心:哈萨克斯坦(69.25°E,43.75°N)29 日 47.1 mm,属大暴雪(图 6.22b)。

6.22.3　环流形势及特征量

6.22.3.1　环流形势

(1)500 hPa 环流:“两脊一槽”型,欧洲平原和中国新疆为高压脊,乌拉尔山为低压槽活动区,锋区强盛,由于伊朗高压脊发展北挺时与欧洲高压脊合并,环流经向度增强,脊前西北气流冷空气不断补充,乌拉尔山低压槽发展加深,东移横扫整个中亚地区,造成暴雪天气(图 6.22c)。

(2)影响系统:200 hPa 高空偏西急流,500 hPa 乌拉尔山低压槽,850～700 hPa 西南低空急流,地面冷高压、冷锋。

6.22.3.2　特征量

(1)200 hPa:中亚地区上空有两支偏西急流,极锋锋区西风急流位于里海、咸海上空(40°—55°N)附近,中心强度为 36 m/s,副热带锋区控制着 20°—30°N,偏西风风速较大,中心强度达 48 m/s。

(2)500 hPa:西西伯利亚低压槽发展至 40°N,并配合有－36 ℃低温中心,槽底最大风速≥30 m/s(巴尔喀什湖附近),－28～－32 ℃低温带和低压槽影响中亚地区(图 6.22c)。

(3)700 hPa:西西伯利亚低压槽不断东移影响哈萨克斯坦,西南急流中心≥28 m/s,东移影响中亚地区(图 6.22e)。

(4)850 hPa:40°—45°N 附近出现≥20 m/s 的偏西急流,中亚地区上空等温线密集,锋区明显,中亚地区上空受低压槽控制,存在偏西风和西南风切变线(图 6.22f)。

(5)海平面气压:西西伯利亚平原为广阔的低压控制区,伊朗平原和中国新疆地区为地面冷高压区，冷空气不断侵入，伊朗地面高压由西方路径不断向中亚地区移动，西西伯利亚低压和两个冷高压间形成强气压梯度，形成影响范围较广的冷锋，造成中亚地区冷锋暴雪(图 6.22d)。

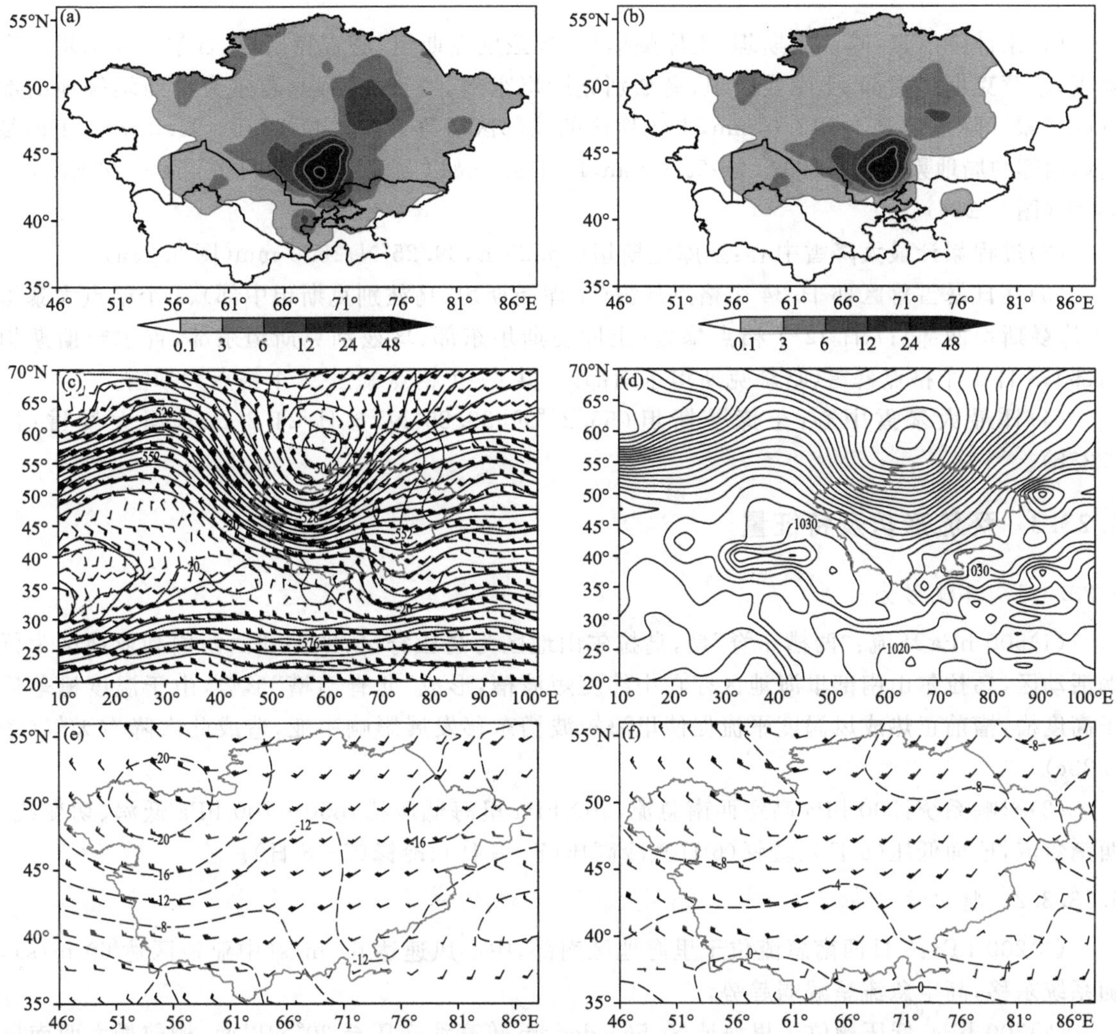

图 6.22　(a) 2011 年 12 月 29—30 日中亚地区累计降雪量(单位:mm)；(b) 12 月 29 日(最强降雪日)降雪量(单位:mm)；(c) 12 月 29 日 00 时 500 hPa 高度场(实线，单位:dagpm)、风场(风羽)和温度场(虚线，单位:℃)；(d) 12 月 29 日 06 时海平面气压场(实线，单位:hPa)；(e) 12 月 29 日 00 时 700 hPa 风场(风羽)和温度场(虚线，单位:℃)；(f) 12 月 29 日 00 时 850 hPa 风场(风羽)和温度场(虚线，单位:℃)

6.23　1998 年 1 月 6—8 日暴雪过程

6.23.1　过程特征

(1)过程强度：一般。

(2)暴雪类型：暖锋＋冷锋型。

(3)暴雪落区:中亚南部暴雪、局地大暴雪。

6.23.2 降雪实况

(1)累计降雪量:哈萨克斯坦、土库曼斯坦、乌兹别克斯坦、塔吉克斯坦、吉尔吉斯斯坦出现降雪,哈萨克斯坦南部、土库曼斯坦、乌兹别克斯坦东部、塔吉克斯坦、吉尔吉斯斯坦等地的部分区域累计降雪量3.1～12.0 mm,上述地区的局部区域累计降雪量12.1～24.0 mm,土库曼斯坦西部的局地累计降雪量24.1～25.0 mm,12.1 mm及以上区域主要集中在(54°—78°E,35°—45°N)(图6.23a)。

(2)过程累计最大降雪中心:土库曼斯坦(56.25°E,39.25°N)25.0 mm(图6.23a)。

(3)逐日暴雪落区:6日34个格点暴雪(土库曼斯坦、乌兹别克斯坦中部)、1个格点大暴雪(土库曼斯坦西部);7日12个格点暴雪(土库曼斯坦东部、乌兹别克斯坦东部、吉尔吉斯斯坦西部);8日1个格点暴雪(哈萨克斯坦东南部)。共47个格点暴雪、1个格点大暴雪。

(4)日最大暴雪中心:土库曼斯坦(56.25°E,39.25°N)6日24.2 mm,属大暴雪(图6.23b)。

6.23.3 环流形势及特征量

6.23.3.1 环流形势

(1)500 hPa环流:“两槽一脊”型,乌拉尔山地区为高压脊区,欧洲和西西伯利亚地区为低涡活动区,乌拉尔山南部里海地区存在中纬度短波槽,形成“北脊南槽”形势,由于温度槽落后于高度槽,槽前正热成风涡度平流促使里海短波槽东移发展影响中亚,造成此次降雪天气(图6.23c)。

(2)影响系统:200 hPa高空西南急流,500 hPa里海低压槽,850～700 hPa低涡、切变线、西南急流,地面低压(6日)、暖锋(6日)、冷高压(7—8日)、冷锋(7—8日)。

6.23.3.2 特征量

(1)200 hPa:6日西南急流位于里海地区南部,中心风速达64 m/s(中亚地区达60 m/s),随系统东移,高空急流呈减弱趋势。

(2)500 hPa:低压槽位于里海地区,564 dagpm等高线南压至30°N以南,槽前最大西南风30 m/s,位于(50°E,25°N)附近(中亚地区达20 m/s),−24 ℃等温线压至中亚南部。

(3)700 hPa:6日中亚南部出现≥16 m/s的偏西南急流,7—8日温度槽东移南下,西北风与西南风的冷式切变线东移,逐渐影响中亚地区(图6.23e)。

(4)850 hPa:中亚南部存在低涡,6日低涡前部偏南风较大,达12 m/s,引导暖湿气流至中亚南部,在中亚南部存在温度脊和西南风与东南风的暖式切变线,造成6日暖锋暴雪,7—8日低涡后部西北风增强,引导冷空气南下,西北风与西南风的冷式切变线东移影响中亚地区,−8 ℃的低温中心逐渐南压,与槽前西南暖湿气流汇合,温度梯度加大,有利于冷锋锋生(图6.23f)。

(5)海平面气压:6日里海南部存在低压系统,中心强度1005.0 hPa,其前部偏南风引导暖湿气流推动冷空气东移北上,低压右前部暖锋锋生造成暖锋暴雪,7—8日原位于(40°E,40°N)附近、中心强度为1027.5 hPa的冷高压东移影响中亚地区,东西压差达12.5 hPa,高压推动低压东移过程中强冷锋造成冷锋暴雪(图6.23d)。

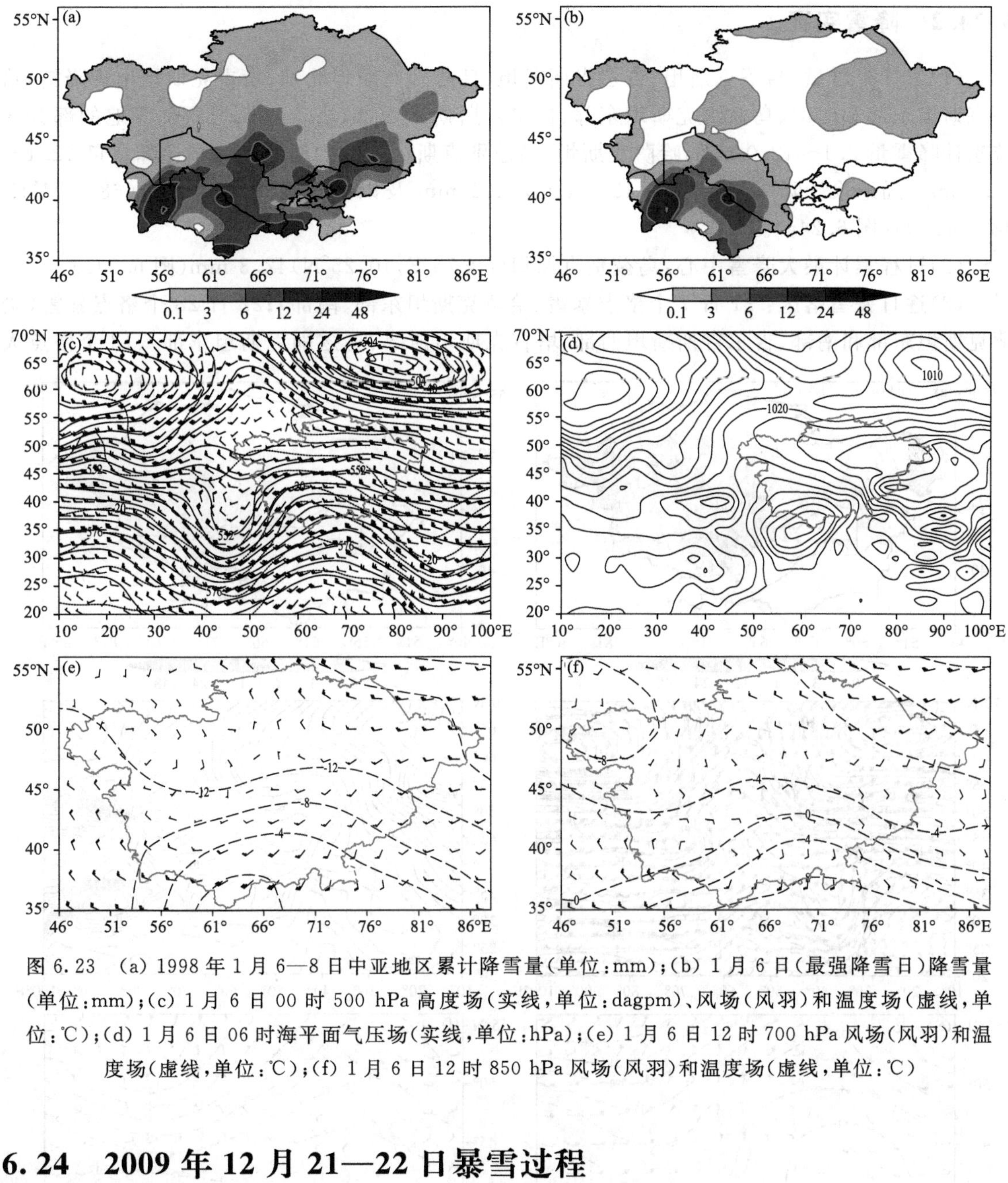

图 6.23　(a) 1998 年 1 月 6—8 日中亚地区累计降雪量(单位:mm);(b) 1 月 6 日(最强降雪日)降雪量(单位:mm);(c) 1 月 6 日 00 时 500 hPa 高度场(实线,单位:dagpm)、风场(风羽)和温度场(虚线,单位:℃);(d) 1 月 6 日 06 时海平面气压场(实线,单位:hPa);(e) 1 月 6 日 12 时 700 hPa 风场(风羽)和温度场(虚线,单位:℃);(f) 1 月 6 日 12 时 850 hPa 风场(风羽)和温度场(虚线,单位:℃)

6.24　2009 年 12 月 21—22 日暴雪过程

6.24.1　过程特征

(1)过程强度:一般。

(2)暴雪类型:暖锋+冷锋型。

(3)暴雪落区:中亚东部和南部暴雪、局地大暴雪。

6.24.2　降雪实况

(1)累计降雪量:哈萨克斯坦、吉尔吉斯斯坦、乌兹别克斯坦北部、塔吉克斯坦出现降雪,哈萨克斯坦东部和南部、乌兹别克斯坦东部、吉尔吉斯斯坦西部、塔吉克斯坦西部等地的部分区域累计降雪量 3.1～12.0 mm,哈萨克斯坦、乌兹别克斯塔等地的局部区域累计降雪量 12.1～24.1 mm,局地累计降雪量 24.1～42.3 mm,12.1 mm 及以上区域主要集中在(68°—71°E,38°—45°N)(图 6.24a)。

(2)过程累计最大降雪中心:乌兹别克斯坦(69.75°E,40.25°N)42.3 mm(图 6.24a)。

(3)逐日暴雪落区:21 日 7 个格点暴雪(哈萨克斯坦东部、南部);22 日 28 个格点暴雪(哈萨克斯坦东部和南部、吉尔吉斯斯坦西部、塔吉克斯坦西部、乌兹别克斯坦东部)、12 个格点大

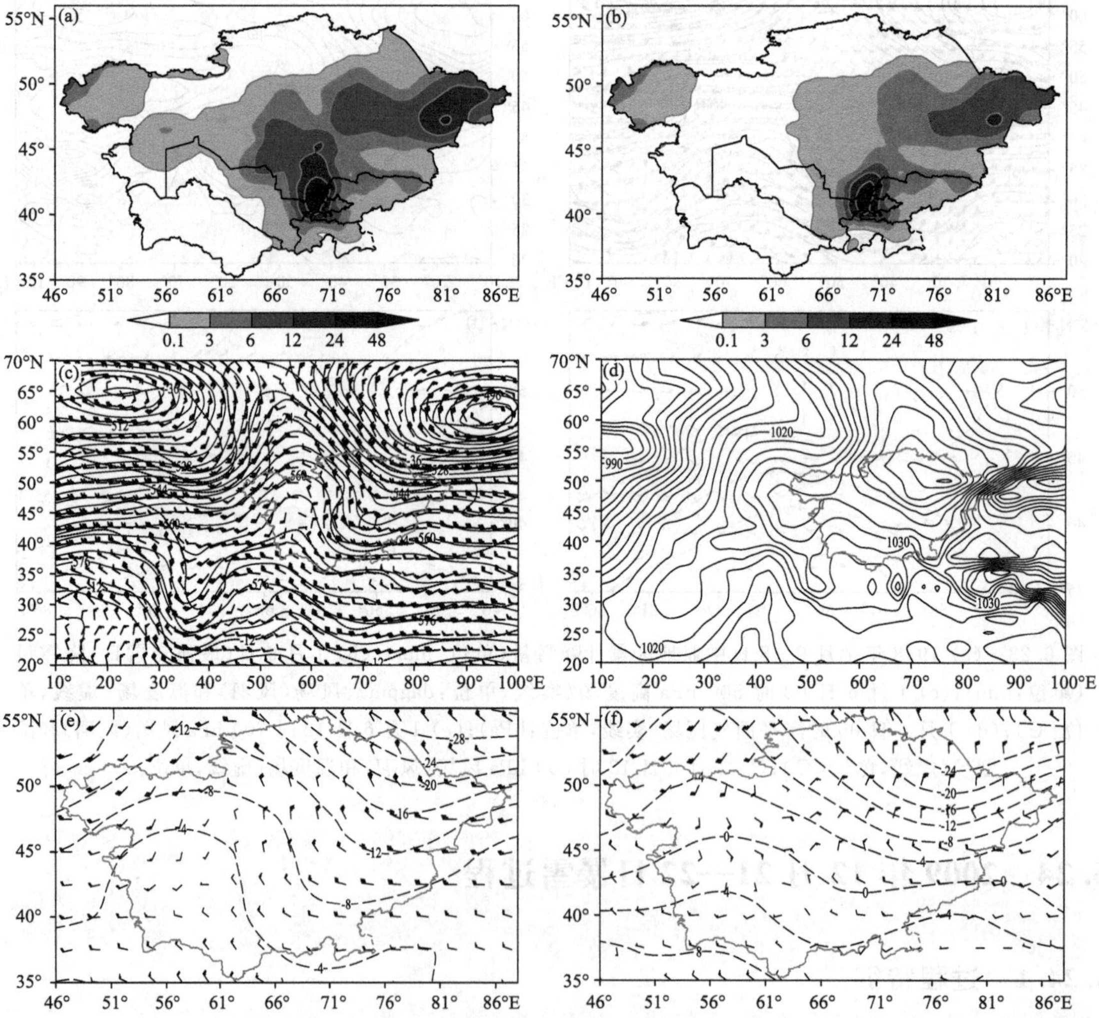

图 6.24　(a) 2009 年 12 月 21—22 日中亚地区累计降雪量(单位:mm);(b) 12 月 22 日(最强降雪日)降雪量(单位:mm);(c) 12 月 22 日 06 时 500 hPa 高度场(实线,单位:dagpm)、风场(风羽)和温度场(虚线,单位:℃);(d) 12 月 22 日 18 时海平面气压场(实线,单位:hPa);(e)12 月 22 日 12 时 700 hPa 风场(风羽)和温度场(虚线,单位:℃);(f)12 月 22 日 12 时 850 hPa 风场(风羽)和温度场(虚线,单位:℃)

暴雪(乌兹别克斯坦)。共 35 个格点暴雪、12 个格点大暴雪。

(4)日最大暴雪中心:乌兹别克斯坦(69.75°E,40.25°N)22 日 31.0 mm,属大暴雪(图 6.24b)。

6.24.3　环流形势及特征量

6.24.3.1　环流形势

(1)500 hPa 环流:“三槽两脊”型,东欧和中国新疆为高压脊区,欧洲西部、咸海、西西伯利亚为低压槽活动区,东欧高压脊北挺发展过程中推动咸海低压槽东移南下,并与西西伯利亚低涡底部锋区在中亚上空接合,造成中亚东部和南部地区暴雪天气过程(图 6.24c)。

(2)影响系统:200 hPa 高空西北急流,500 hPa 低压槽,850～700 hPa 西南低空急流、气旋式辐合中心,地面冷高压、冷锋。

6.24.3.2　特征量

(1)200 hPa:偏西北急流位于里海地区南部附近,急流中心风速≥42 m/s。

(2)500 hPa:西西伯利亚低涡外围最大偏西风 20 m/s,配合有−40 ℃低温中心,−24 ℃等温线压至中亚西南部,等温线密集,有明显冷平流(图 6.24c)。

(3)700 hPa:咸海至巴尔喀什湖附近西南急流≥16 m/s,咸海东部有气旋式辐合中心及偏西风与西南风切变线存在(图 6.24e)。

(4)850 hPa:中亚东部有西南急流≥16 m/s,哈萨克斯坦上空为气旋性风场、西风与西南风切变线(图 6.24f)。

(5)海平面气压:东欧地面冷高压以偏西路径东移向南扩张,中心强度不断加强,22 日中心强度 1050.0 hPa 的冷高压南落至哈萨克斯坦地区,与不断东移北上发展的伊朗高原暖低压于中亚东部和南部交汇,冷高压前端形成强冷锋,冷锋东移造成了暴雪(图 6.24d)。

6.25　2000 年 12 月 6—7 日暴雪过程

6.25.1　过程特征

(1)过程强度:一般。

(2)暴雪类型:冷锋型。

(3)暴雪落区:中亚北部暴雪、局地大暴雪。

6.25.2　降雪实况

(1)累计降雪量:哈萨克斯坦、土库曼斯坦、乌兹别克斯坦西部、塔吉克斯坦、吉尔吉斯斯坦北部出现降雪,哈萨克斯坦累计降雪量 3.1～12.0 mm,其西部和东部局地累计降雪量 12.1～35.0 mm,12.1 mm 及以上区域主要集中在(55°—61°E,45°—51°N)和(78°—84°E,45°—48°N)(图 6.25a)。

(2)过程累计最大降雪中心:哈萨克斯坦东部(81.75°E,47.25°N)35.0 mm(图 6.25a)。

(3)逐日暴雪落区:6 日 43 个格点暴雪(哈萨克斯坦西部东部)、2 个格点大暴雪(哈萨克斯坦东部);7 日 1 个格点暴雪(哈萨克斯坦西部)。共 44 个格点暴雪、2 个格点大暴雪。

(4)日最大暴雪中心:哈萨克斯坦(81.75°E,47.25°N)6 日 27.3 mm,属大暴雪(图 6.25b)。

6.25.3　环流形势及特征量

6.25.3.1　环流形势

(1)500 hPa 环流:“一脊一槽”型,高纬度欧洲地区为高压脊,西西伯利亚地区为低涡活动区,中纬度东欧存在短波槽,由于温度脊落后于高压脊,高压脊东移发展,高压脊前偏北风转为东北风,引导冷空气南下,推动东欧低压槽东移南压过程中发展切涡,低涡在东移减弱过程中影响中亚偏北地区,造成中亚北部降雪天气(图 6.25c)。

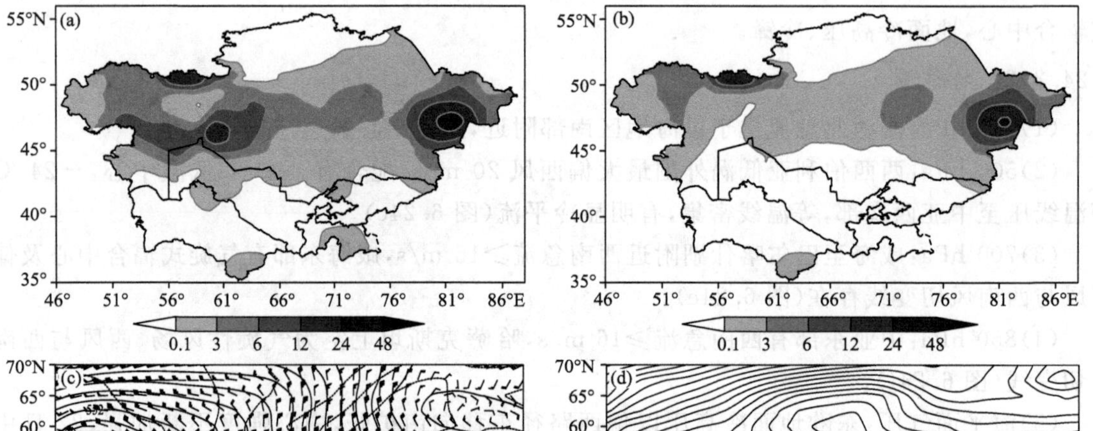

图 6.25　(a) 2000 年 12 月 6—7 日中亚地区累计降雪量(单位:mm);(b) 12 月 6 日(最强降雪日)降雪量(单位:mm);(c) 12 月 6 日 00 时 500 hPa 高度场(实线,单位:dagpm)、风场(风羽)和温度场(虚线,单位:℃);(d) 12 月 6 日 00 时海平面气压场(实线,单位:hPa);(e) 12 月 6 日 00 时 700 hPa 风场(风羽)和温度场(虚线,单位:℃);(f)12 月 6 日 00 时 850 hPa 风场(风羽)和温度场(虚线,单位:℃)

(2)影响系统:200 hPa 高空偏西气流,500 hPa 东欧低压槽,850～700 hPa 低涡,地面冷高压、冷锋。

6.25.3.2　特征量

(1)200 hPa:东欧地区存在 24 m/s 的偏北风带,横槽底部偏西气流风速达 36 m/s。

(2)500 hPa:6 日东欧低压槽南压至 45°N 附近,槽前西南风达 20 m/s,随低压槽东移发展,7 日里海北部切涡,在中亚北部形成东西向的横槽,脊前东北风引导冷空气至横槽中,造成中亚北部降雪。

(3)700 hPa:里海、咸海以北地区存在低涡系统,温度场上配合有−8 ℃的温度槽,低涡后部强西北风(≥16 m/s)引导冷空气南下(图 6.25e)。

(4)850 hPa:里海以北存在低涡系统,低涡东移南压过程中携带低温度槽逐渐移至中亚地区北部,强偏北风携带的冷空气强盛,冷、暖气流交汇明显,温度梯度加大(图 6.25f)。

(5)海平面气压:冷高压以西北路径移动,在东移过程中与东部冷高压合并加强。6 日地面冷高压中心位于里海、咸海以北地区(60°E,55°N),中心强度为 1030.0 hPa,东移南压过程中发展加强;7 日中心强度达 1040.0 hPa,高压底部等压线密集,气压梯度增大,强盛地面冷锋控制中亚地区,造成中亚北部暴雪(图 6.25d)。

6.26　1994 年 12 月 20—21 日暴雪过程

6.26.1　过程特征

(1)过程强度:一般。

(2)暴雪类型:暖锋型。

(3)暴雪落区:中亚南部暴雪、局地大暴雪。

6.26.2　降雪实况

(1)累计降雪量:哈萨克斯坦南部和东部、土库曼斯坦、乌兹别克斯坦、塔吉克斯坦、吉尔吉斯斯坦出现降雪,哈萨克斯坦南部和东部、土库曼斯坦北部和西部、乌兹别克斯坦、塔吉克斯坦北部、吉尔吉斯斯坦西部等地的部分区域累计降雪量 3.1～12.0 mm,土库曼斯坦西部、哈萨克斯坦南部、乌兹别克斯坦东部、吉尔吉斯斯坦西部等地的局部区域累计降雪量 12.1～24.0 mm,哈萨克斯坦南部局地超过 24.1 mm,12.1 mm 及以上区域主要集中在(53°—72°E,37°—44°N)(图 6.26a)。

(2)过程累计最大降雪中心:哈萨克斯坦(69.25°E,42.25°N)27.0 mm(图 6.26a)。

(3)逐日暴雪落区:20 日 2 个格点暴雪(土库曼斯坦西部);21 日 39 个格点暴雪(哈萨克斯坦南部、乌兹别克斯坦东部、吉尔吉斯斯坦西部)、4 个格点大暴雪(哈萨克斯坦南部)。共 41 个格点暴雪、4 个格点大暴雪。

(4)日最大暴雪中心:哈萨克斯坦(69.25°E,42.25°N)21 日 25.6 mm,属大暴雪(图 6.26b)。

6.26.3　环流形势及特征量

6.26.3.1　环流形势

(1)500 hPa 环流:“两脊一槽”型,东欧和中国新疆为“两脊”,伊朗高原为“一槽”,上游东欧高压脊向东发展形成阻塞形势,乌拉尔山低压槽东移过程中分段,南段在里海、咸海加深为槽,受槽前西南气流影响,中亚南部出现降雪(图 6.26c)。

(2)影响系统:200 hPa 高空偏西急流,500 hPa 乌拉尔山槽底偏西急流,850 hPa 西南低空急流、低压、切变线,地面暖低压。

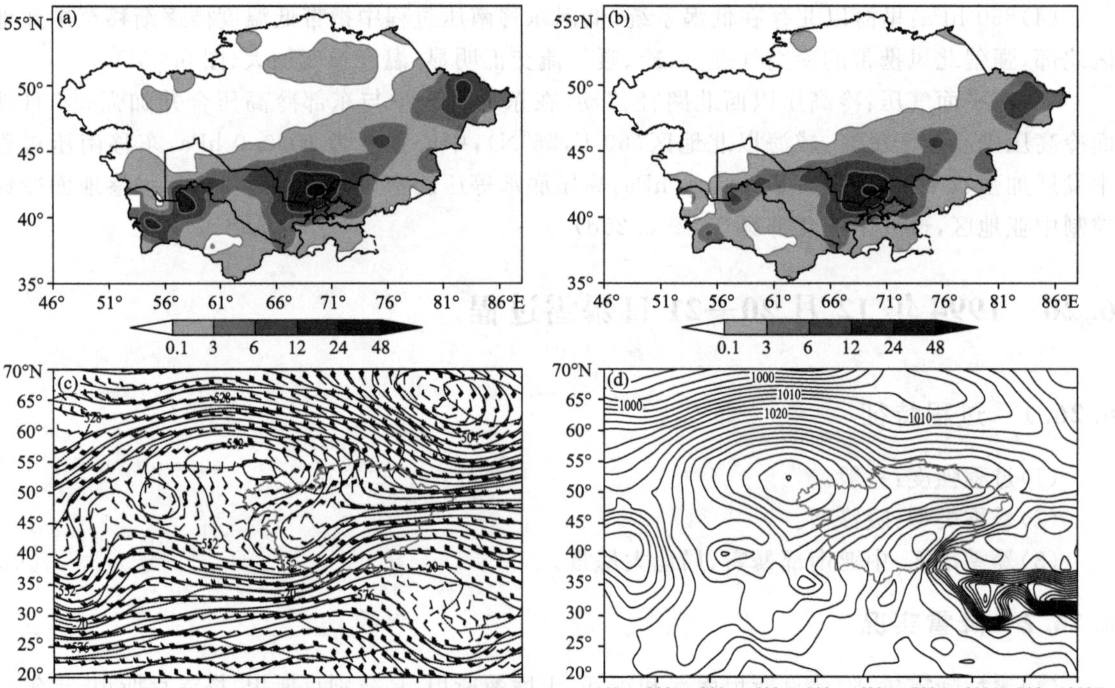

图 6.26　(a) 1994 年 12 月 20—21 日中亚地区累计降雪量(单位:mm);(b) 12 月 21 日(最强降雪日)降雪量(单位:mm);(c) 12 月 21 日 06 时 500 hPa 高度场(实线,单位:dagpm)、风场(风羽)和温度场(虚线,单位:℃);(d) 12 月 21 日 00 时海平面气压场(实线,单位:hPa);(e) 12 月 21 日 00 时 700 hPa 风场(风羽)和温度场(虚线,单位:℃);(f) 12 月 21 日 06 时 850 hPa 风场(风羽)和温度场(虚线,单位:℃)

6.26.3.2　特征量

(1)200 hPa:偏西急流位于中亚南部,中心风速达 58 m/s。

(2)500 hPa:低压槽位于乌拉尔山至咸海地区,低压槽 568 dagpm 等高线南压至 30°N 附近,槽前最大西南风 40 m/s,位于(50°E,32°N)附近,低涡配合有－32 ℃低温中心,－20 ℃等温线压至中亚西南部。

(3)700 hPa:中亚南部存在低涡和≥28 m/s 的偏西和偏南急流(图 6.26e)。

(4)850 hPa:中亚南部为低压中心,随后快速减弱东移北上,前部存在≥16 m/s 的偏南和偏西急流,形成气旋式切变(图 6.26f)。

(5)海平面气压:20 日里海低压东移北上,地面暖低压中心强度为 1010.0 hPa,位于(65°E,40°N)附近,与位于中国新疆的 1040.0 hPa 冷高压形成 30.0 hPa 左右强气压差,暖锋造成中亚中南部暴雪(图 6.26d)。

6.27　2020 年 1 月 11—13 日暴雪过程

6.27.1　过程特征

(1)过程强度:一般。

(2)暴雪类型:冷锋型。

(3)暴雪落区:中亚南部暴雪、局地大暴雪。

6.27.2　降雪实况

(1)累计降雪量:哈萨克斯坦、土库曼斯坦、乌兹别克斯坦、塔吉克斯坦、吉尔吉斯斯坦出现降雪,哈萨克斯坦西部和南部、土库曼斯坦东部、乌兹别克斯坦东部、塔吉克斯坦、吉尔吉斯斯坦西部等地的部分区域累计降雪量 3.1～12.0 mm,土库曼斯坦东部、乌兹别克斯坦东部、塔吉克斯坦西部等地的局部区域累计降雪量 12.1～24.0 mm,土库曼斯坦东南部局地累计降雪量 24.1～45.0 mm,12.1 mm 及以上区域主要集中在(58°—71°E,35°—40°N)(图 6.27a)。

(2)过程累计最大降雪中心:土库曼斯坦(62.25°E,35.75°N)45.0 mm(图 6.27a)。

(3)逐日暴雪落区:11 日 9 个格点暴雪(土库曼斯坦东部、乌兹别克斯坦东部);12 日 26 个格点暴雪(土库曼斯坦东部)、6 个格点大暴雪(土库曼斯坦东南部);13 日 2 个格点暴雪(塔吉克斯坦西部)。共 37 个格点暴雪、6 格点大暴雪。

(4)日最大暴雪中心:土库曼斯坦(62.25°E,35.75°N)12 日 32.9 mm,属大暴雪(图 6.27b)。

6.27.3　环流形势及特征量

6.27.3.1　环流形势

(1)500 hPa 环流:“纬向多波动”型,55°N 以北的区域以西风为主,中低纬度多波动,欧洲、里海和中国新疆地区为高压脊区,黑海和中亚至伊朗地区为低压槽活动区,随着上游欧洲高压脊东移南落,推动低压槽减弱东移南压影响中亚(图 6.27c)。

(2)影响系统:200 hPa 高空偏西急流,500 hPa 中亚低压槽,850～700 hPa 切变线(气旋式辐合中心)、西南急流,地面冷高压、冷锋。

6.27.3.2　特征量

(1)200 hPa:偏西急流位于黑海地区南部,中心风速达 70 m/s。

(2)500 hPa:低压槽 556 dagpm 线南压至 30°N 以南,槽底最强西南风 38 m/s,位于(55°E,23°N)附近,低压槽配合有−24 ℃低温中心,−24 ℃等温线压至中亚南部,等温线密集,有明显冷平流。

(3)700 hPa:里海、咸海至伊朗高原存在西北风和西南风的冷式切变线,伊朗高原出现≥24 m/s 的西南急流(图 6.27e)。

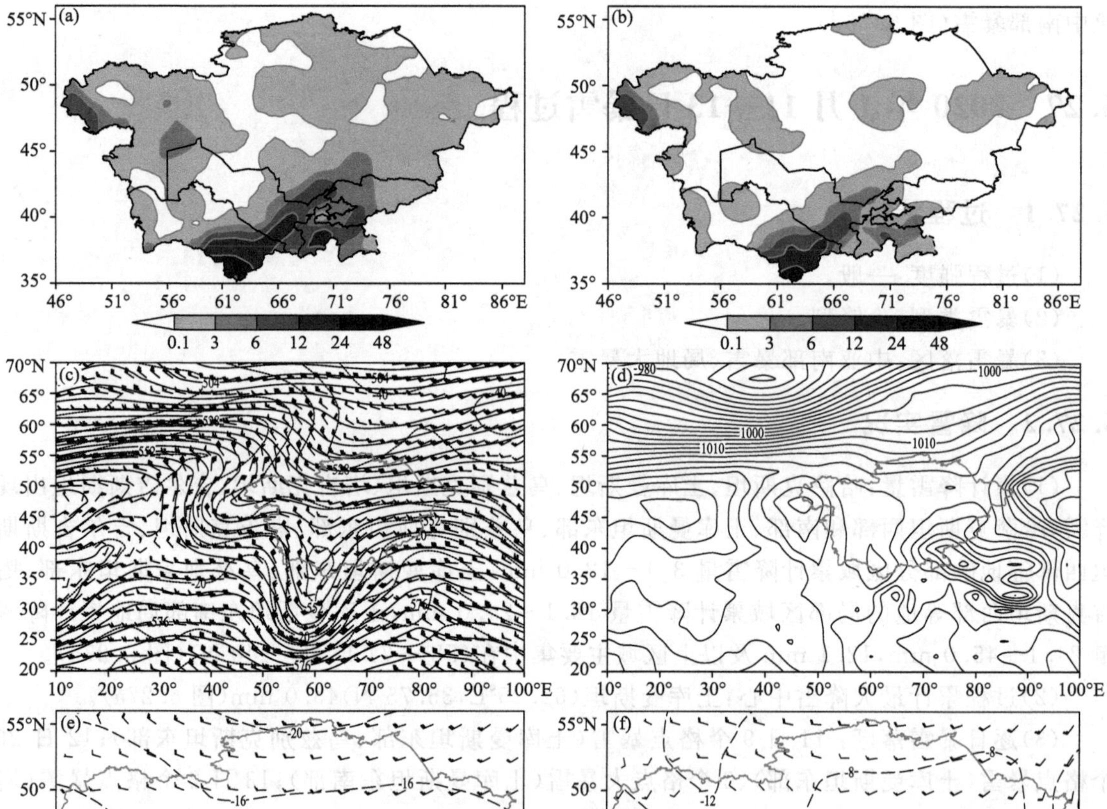

图 6.27　(a) 2020 年 1 月 11—13 日中亚地区累计降雪量(单位:mm);(b) 1 月 12 日(最强降雪日)降雪量(单位:mm);(c) 1 月 12 日 12 时 500 hPa 高度场(实线,单位:dagpm)、风场(风羽)和温度场(虚线,单位:℃);(d) 1 月 12 日 12 时海平面气压场(实线,单位:hPa);(e) 1 月 12 日 00 时 700 hPa 风场(风羽)和温度场(虚线,单位:℃); (f)1 月 12 日 00 时 850 hPa 风场 (风羽)和温度场(虚线,单位:℃)

(4)850 hPa:伊朗高原附近存在气旋式辐合中心,咸海南部出现≥14 m/s 的西南急流(图 6.27f)。

(5)海平面气压:冷高压以偏西路径移动,在东移过程中逐渐减弱,地面冷高压中心强度为 1022.5 hPa,位于(60°E,40°N)附近,造成中亚大范围暴雪(图 6.27d)。

6.28　2012 年 12 月 1—2 日暴雪过程

6.28.1　过程特征

(1)过程强度:一般。

(2)暴雪类型:冷锋型。

(3)暴雪落区:中亚东部和北部暴雪、局地大暴雪。

6.28.2　降雪实况

(1)累计降雪量:吉尔吉斯斯坦、哈萨克斯坦出现降雪,部分区域累计降雪量 3.1～12.0 mm,哈萨克斯坦东部、北部的局部区域累计降雪量 12.1～24.0 mm,局地 24.1～27.5 mm,12.1 mm 及以上区域主要集中在(75°—80°E,42°—45°N)(图 6.28a)。

(2)过程累计最大降雪中心:哈萨克斯坦东部(76.75°E,43.25°N)27.5 mm(图 6.28a)。

(3)逐日暴雪落区:1 日 43 个格点暴雪(哈萨克斯坦东部和北部、吉尔吉斯东北部)、2 个格点大暴雪(哈萨克斯坦东部);2 日 2 个格点暴雪(哈萨克斯坦北部)。共 45 个格点暴雪、2 个格点大暴雪。

(4)日最大暴雪中心:哈萨克斯坦东部(76.75°E,43.25°N)1 日 27.5 mm,属大暴雪(图 6.28b)。

6.28.3　环流形势及特征量

6.28.3.1　环流形势

(1)500 hPa 环流:“两槽一脊”型,西欧平原、西伯利亚为低涡活动区,东欧平原为高压脊区,脊前西北气流引导冷空气南下,西西伯利亚低压槽底不断发展加深,槽前强盛的西南气流及风速辐合区造成了中亚暴雪天气(图 6.28c)。

(2)影响系统:200 hPa 高空偏西气流,500 hPa 西伯利亚低涡,850～700 hPa 西南低空急流,地面冷高压、地面低压、冷锋。

6.28.3.2　特征量

(1)200 hPa:极锋锋区位于西欧平原上空,副热带锋区位于 20°—35°N,30 m/s 急流位于东欧至中亚地区。

(2)500 hPa:西伯利亚低涡中心强度 520 dagpm,568 dagpm 等高线南压至 35°N,配合的低温中心为−36 ℃,槽底最大偏西风 28 m/s,风速辐合区位于哈萨克斯坦地区。

(3)700 hPa:巴尔喀什湖北部低压槽活动区中西北风与西风切变线稳定维持,700 hPa 槽前西风急流≥24 m/s(图 6.28e)。

(4)850 hPa:偏西急流≥16 m/s,低压槽不断东移影响哈萨克斯坦地区(图 6.28f)。

(5)海平面气压:西西伯利亚为地面冷高压,中心强度为 1040.0 hPa,中国新疆地区为中心 1015.0 hPa 的地面低压,西西伯利亚冷高压东移南下过程中与中国南疆地面低压之间形成明显冷锋,造成哈萨克斯坦东南部暴雪(图 6.28d)。

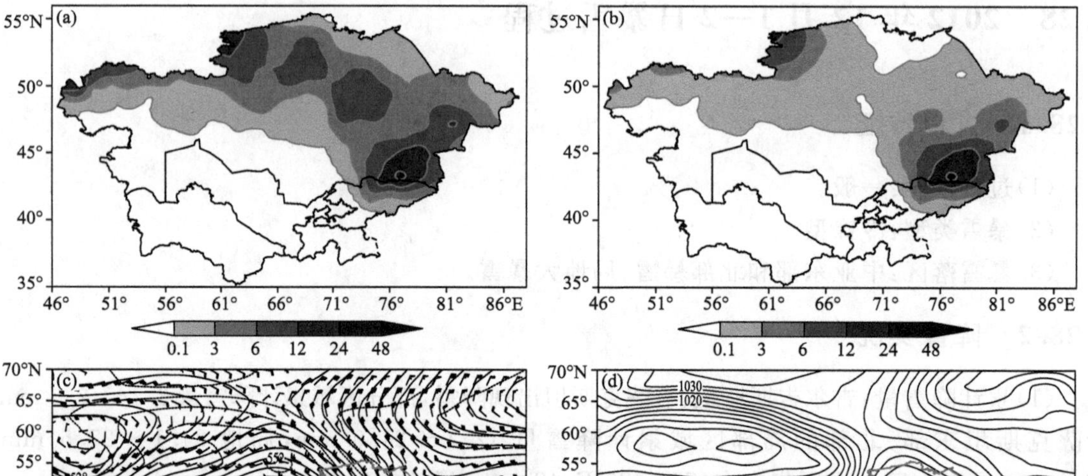

图 6.28　(a) 2012 年 12 月 1—2 日中亚地区累计降雪量(单位:mm);(b) 12 月 1 日(最强降雪日)降雪量(单位:mm);(c) 12 月 1 日 00 时 500 hPa 高度场(实线,单位:dagpm)、风场(风羽)和温度场(虚线,单位:℃);(d) 12 月 1 日 06 时海平面气压场(实线,单位:hPa);(e) 12 月 1 日 06 时 700 hPa 风场(风羽)和温度场(虚线,单位:℃);(f)12 月 1 日 06 时 850 hPa 风场(风羽)和温度场(虚线,单位:℃)

6.29 2009年1月2—3日暴雪过程

6.29.1 过程特征

(1)过程强度:一般。

(2)暴雪类型:暖锋型。

(3)暴雪落区:中亚南部暴雪、局地大暴雪。

6.29.2 降雪实况

(1)累计降雪量:哈萨克斯坦、土库曼斯坦、乌兹别克斯坦、塔吉克斯塔、吉尔吉斯斯坦等地出现降雪,哈萨克斯坦西部和南部、土库曼斯坦东部、乌兹别克斯坦、塔吉克斯坦、吉尔吉斯斯坦等地的部分区域累计降雪量3.1～12.0 mm,上述地区的局部区域累计降雪量12.1～24.0 mm,塔吉克斯坦南部、吉尔吉斯斯坦西部等地局地累计降雪量24.1～30.0 mm,12.1 mm及以上区域主要集中在(58°—71°E,35°—43°N)(图6.29a)。

(2)过程累计最大降雪中心:塔吉克斯坦(69.25°E,37.75°N)30.0 mm(图6.29a)。

(3)逐日暴雪落区:2日3个格点暴雪(土库曼斯坦东部);3日37个格点暴雪(哈萨克斯坦南部、乌兹别克斯坦东部、塔吉克斯塔、吉尔吉斯斯坦西部)、1个格点大暴雪(塔吉克斯塔)。共40个格点暴雪、1个格点大暴雪。

(4)日最大暴雪中心:塔吉克斯坦(69.25°E,37.75°N)3日28.6 mm,属大暴雪(图6.29b)。

6.29.3 环流形势及特征量

6.29.3.1 环流形势

(1)500 hPa环流:"两脊一槽"型,过程前期欧洲南部和中亚南部为"两脊",黑海及以南地区为低涡低压槽活动区,后期上游欧洲南部高压脊东南落,推动低涡减弱成槽东移,受下游高压脊阻挡东移北上,槽前强西南气流影响中亚地区(图6.29c)。

(2)影响系统:200 hPa西南急流,500 hPa低压槽和西南急流,850～700 hPa切变线、低空急流,地面暖低压、暖锋。

6.29.3.2 特征量

(1)200 hPa:西南急流位于里海地区南部,中心风速达76 m/s。

(2)500 hPa:低压槽位于里海地区以南,576 dagpm等高线南压至25°N以南,槽前最大西南风38 m/s,位于(50°E,30°N)附近,低涡配合有−28 ℃低温中心,−24 ℃等温线压至中亚南部。

(3)700 hPa:伊朗高原有西北风和西南风切变线,出现≥18 m/s的西南急流(图6.29e)。

(4)850 hPa:伊朗高原西部有气旋式辐合中心(图6.29f)。

(5)海平面气压:中亚地区为低压区,暖低压中心位于中亚南部,中心强度为1005.0 hPa,位于(60°E,35°N)附近,与帕米尔高原东部中心1025.0 hPa冷高压形成暖锋,东西压差大,冷高压和暖低压气压差超过 20.0 hPa,暖锋造成中亚南部大范围暴雪(图 6.29d)。

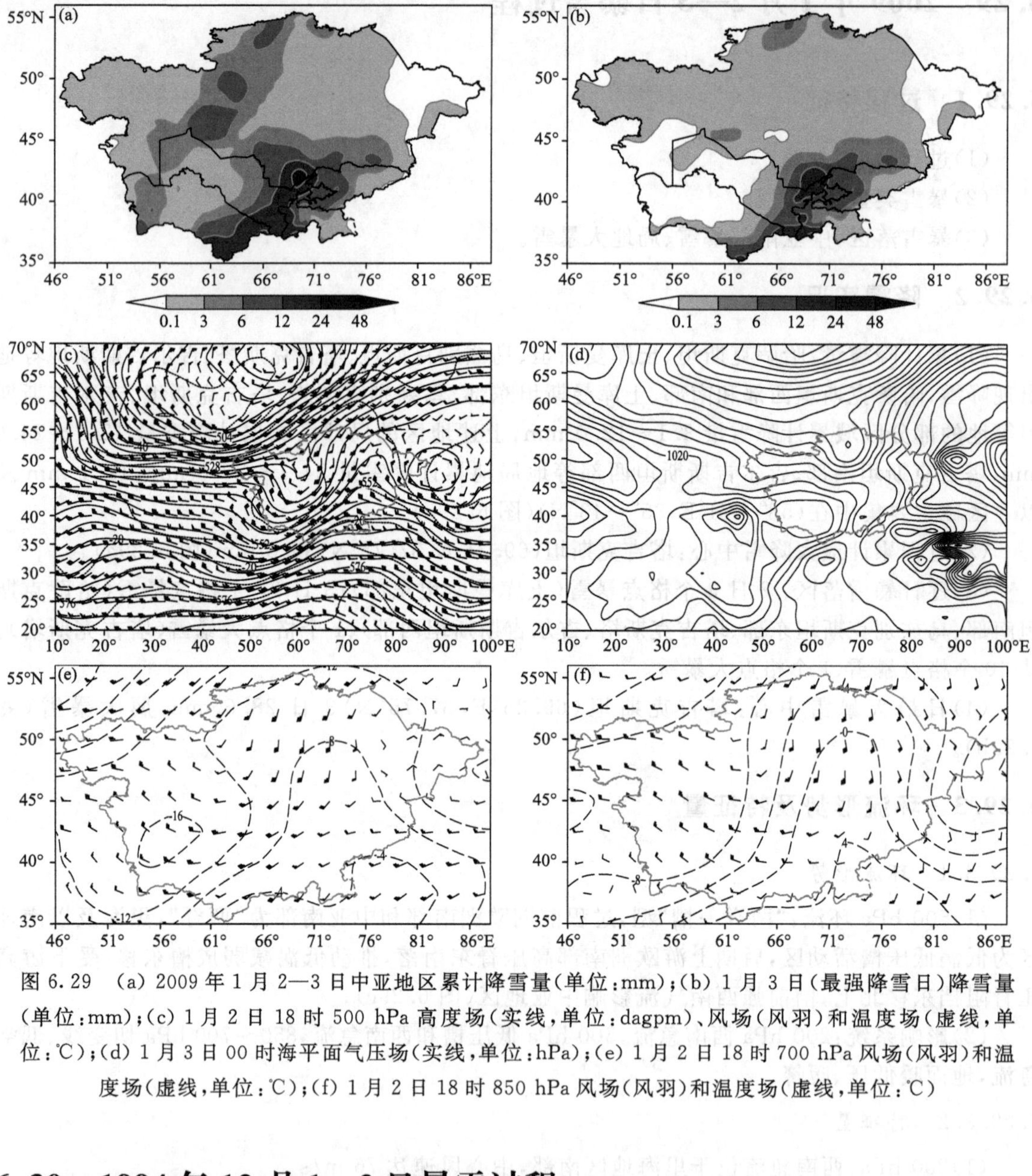

图 6.29　(a) 2009 年 1 月 2—3 日中亚地区累计降雪量(单位:mm);(b) 1 月 3 日(最强降雪日)降雪量(单位:mm);(c) 1 月 2 日 18 时 500 hPa 高度场(实线,单位:dagpm)、风场(风羽)和温度场(虚线,单位:℃);(d) 1 月 3 日 00 时海平面气压场(实线,单位:hPa);(e) 1 月 2 日 18 时 700 hPa 风场(风羽)和温度场(虚线,单位:℃);(f) 1 月 2 日 18 时 850 hPa 风场(风羽)和温度场(虚线,单位:℃)

6.30　1994 年 12 月 1—2 日暴雪过程

6.30.1　过程特征

(1)过程强度:一般。

(2)暴雪类型:暖锋型。

(3)暴雪落区:中亚南部暴雪、局地大暴雪。

6.30.2　降雪实况

(1)累计降雪量:哈萨克斯坦、土库曼斯坦、乌兹别克斯坦、塔吉克斯坦、吉尔吉斯斯坦出现降雪,哈萨克斯坦、土库曼斯坦东部、乌兹别克斯坦东部、塔吉克斯坦、吉尔吉斯斯坦西部和南部等地的部分区域累计降雪量 3.1～12.0 mm,哈萨克斯坦西部和南部、塔吉克斯坦、吉尔吉斯斯坦西部等地的局地累计降雪量 12.1～24.0 mm,塔吉克斯坦局地超过 24.1 mm,12.1 mm 及以上暴雪区域主要集中在(55°—57°E,47°—50°N)和(65°—72°E,37°—43°N)(图 6.30a)。

(2)过程累计最大降雪中心:塔吉克斯坦(70.25°E,38.75°N)32.0 mm(图 6.30a)。

(3)逐日暴雪落区:1 日 3 个格点暴雪(哈萨克斯坦西部);2 日 30 个格点暴雪(哈萨克斯坦南部、塔吉克斯坦、吉尔吉斯斯坦西部)、5 个格点大暴雪(塔吉克斯坦)。共 33 个格点暴雪、

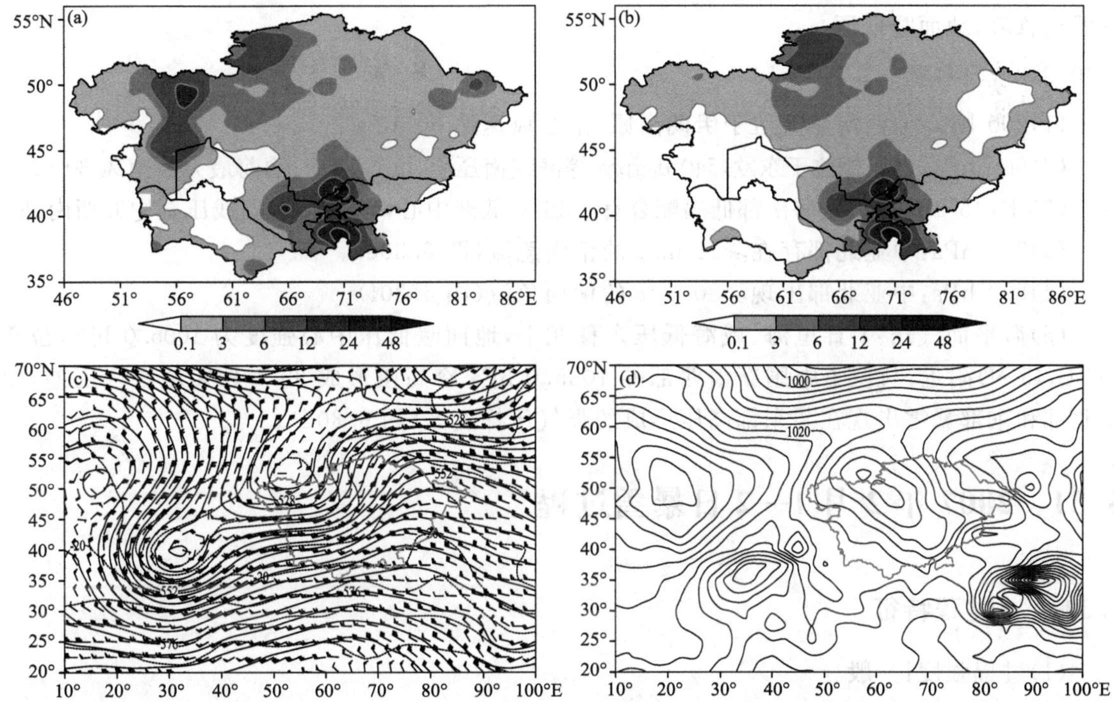

图 6.30　(a) 1994 年 12 月 1—2 日中亚地区累计降雪量(单位:mm);(b) 12 月 2 日(最强降雪日)降雪量(单位:mm);(c) 12 月 2 日 06 时 500 hPa 高度场(实线,单位:dagpm)、风场(风羽)和温度场(虚线,单位:℃);(d) 12 月 2 日 00 时海平面气压场(实线,单位:hPa);(e) 12 月 2 日 06 时 700 hPa 风场(风羽)和温度场(虚线,单位:℃);(f)12 月 2 日 06 时 850 hPa 风场(风羽)和温度场(虚线,单位:℃)

5个格点大暴雪。

(4)日最大暴雪中心:塔吉克斯坦(70.25°E,38.75°N)2日31.7 mm,属大暴雪(图6.30b)。

6.30.3 环流形势及特征量

6.30.3.1 环流形势

(1)500 hPa环流:“两脊一槽(涡)”型,欧洲西部和中国新疆为“两脊”,东欧至地中海为“一槽(涡)”,上游欧洲西部高压脊东南衰退,伊朗高原浅脊阻挡使得低压槽分段并在黑海南部切涡,低涡前部西南气流和东欧低压槽东移共同影响中亚北部、东部地区(图6.30c)。

(2)影响系统:200 hPa高空西南急流,500 hPa黑海南部低涡、西南偏西急流,850 hPa偏南低空急流,地面暖低压。

6.30.3.2 特征量

(1)200 hPa:偏西南急流位于伊朗高原,中心风速达60 m/s。

(2)500 hPa:低压槽位于东欧,540 dagpm等高线南压至45°N以南,槽前最大西南风30 m/s,位于(55°E,45°N)附近,黑海南部低涡配合有−36 ℃低温中心,−20 ℃等温线压至中亚西南部。

(3)700 hPa:中亚北部存在≥22 m/s的偏南急流(图6.30e)。

(4)850 hPa:中亚北部出现≥20 m/s的偏西急流(图6.30f)。

(5)海平面气压:1日里海、咸海低压东移北上,地面暖低压中心强度为1005.0 hPa,位于(53°E,45°N)附近,与位于中国新疆西部的1035.0 hPa冷高压形成30.0 hPa左右气压差,中亚北部和东部暴雪出现在与东部高压形成的强气压梯度区(图6.30d)。

6.31 2007年2月1—2日暴雪过程

6.31.1 过程特征

(1)过程强度:一般。

(2)暴雪类型:暖锋型。

(3)暴雪落区:中亚北部暴雪。

6.31.2 降雪实况

(1)累计降雪量:哈萨克斯坦、土库曼斯坦东部、乌兹别克斯坦东部、塔吉克斯坦、吉尔吉斯斯坦等地出现小雪,哈萨克斯坦西部和南部、乌兹别克斯坦东部等地的局部区域累计降雪量3.1~12.0 mm,哈萨克斯坦北部、乌兹别克斯坦东部等地的局部区域累计降雪量12.1~20.0 mm,12.1 mm及以上区域主要集中在(54°—70°E,47°—56°N)(图6.31a)。

(2)过程累计最大降雪中心:哈萨克斯坦(57.25°E,50.25°N)20.0 mm(图6.31a)。

(3)逐日暴雪落区:1日30个格点暴雪(哈萨克斯坦北部);2日3个格点暴雪(乌兹别克斯坦东部)。共33个格点暴雪。

(4)日最大暴雪中心:哈萨克斯坦(57.25°E,50.25°N)1日19.7 mm,属暴雪(图6.31b)。

6.31.3　环流形势及特征量

6.31.3.1　环流形势

(1)500 hPa 环流:“两脊一槽(涡)”型,欧洲南部和中国新疆地区为“两脊”,乌拉尔地区为低涡、低压槽活动区,低涡逆时针旋转东移过程中,底部低压槽东移,受下游高压脊阻挡,东移过程中北上,槽前西南气流强盛,影响中亚地区(图 6.31c)。

(2)影响系统:200 hPa 高空西南急流,500 hPa 低涡、低压槽和西南急流,850 hPa 气旋式辐合中心、切变线和西南低空急流,地面暖低压、暖锋。

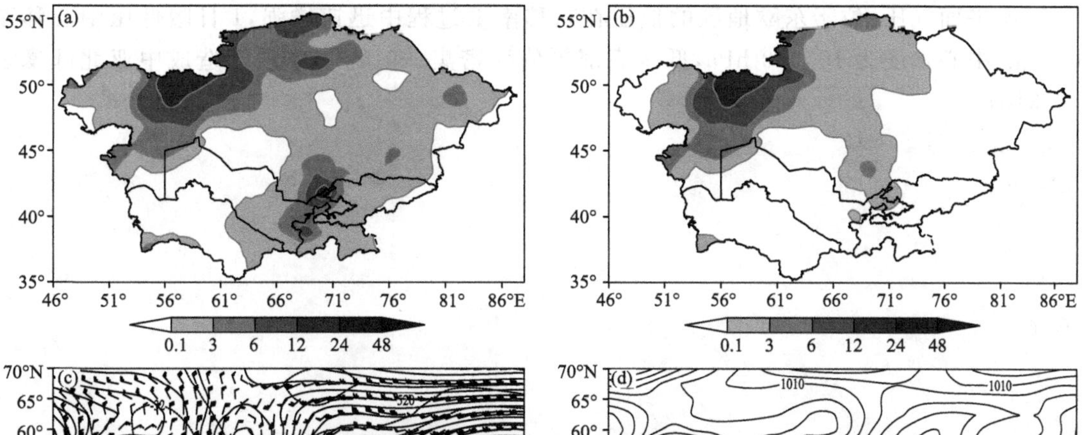

图 6.31　(a) 2007 年 2 月 1—2 日中亚地区累计降雪量(单位:mm);(b) 2 月 1 日(最强降雪日)降雪量(单位:mm);(c) 2 月 1 日 00 时 500 hPa 高度场(实线,单位:dagpm)、风场(风羽)和温度场(虚线,单位:℃);(d) 2 月 1 日 00 时海平面气压场(实线,单位:hPa);(e) 2 月 1 日 00 时 700 hPa 风场(风羽)和温度场(虚线,单位:℃);(f) 2 月 1 日 00 时 850 hPa 风场(风羽)和温度场(虚线,单位:℃)

6.31.3.2　特征量

(1)200 hPa:宽广的西南急流北伸至西西伯利亚地区,中心风速达 52 m/s。

(2)500 hPa:低涡中心(512 dagpm)位于乌拉尔山地区,低压槽位于咸海地区以南,560 dagpm 等高线南压至 35°N 以南,槽前最大西南风 34 m/s,位于(65°E,40°N)附近,低压槽配合有−32 ℃低温中心,−28 ℃等温线压至中亚地区。

(3)700 hPa:咸海北部存在低涡,咸海附近有西北风和西南风切变线,低涡底部出现≥24 m/s 的西北急流和≥36 m/s 的西南急流(图 6.31e)。

(4)850 hPa:咸海北部存在低涡,低涡底部出现≥24 m/s 的偏西急流和≥30 m/s 偏南急流(图 6.31f)。

(5)海平面气压:位于东欧地区的低压在东移南下过程中迅速增强,1 日暖低压中心移至咸海以北,中心强度为 1000.0 hPa,低压底部等值线密集、锋区强,强暖锋造成中亚北部暴雪(图 6.31d)。

哈萨克斯坦
乌兹别克斯坦
土库曼斯坦
吉尔吉斯斯坦
塔吉克斯坦
中华人民共和国
俄罗斯
蒙古
伊朗
阿富汗
巴基斯坦
格鲁吉亚
阿塞拜疆
阿斯塔纳
比什凯克
塔什干
杜尚别
阿什哈巴德
巴甫洛达尔
卡拉干达
热兹卡兹甘
切尔卡尔
博兰库尔
拜科努尔
共青城
努库斯
明格布洛克
奇姆肯特
塔拉兹
阿拉木图
纳曼干
撒马尔罕
达尔瓦扎
里海
咸海
巴尔喀什湖
乌拉尔山脉
穆戈贾尔山
卡尔巴山
塔尔巴哈台山
阿拉套山
阿尔泰山脉
西萨彦岭
天山
昆仑山脉
喀喇昆仑山脉
兴都库什山脉
班迪突厥斯坦山
厄尔布尔士山脉
科佩特山脉
曼吉斯套山
库兰达格山
卡拉套山
热尔套山
艾套山
吉尔吉斯山
突厥斯坦山
乌勒套山
伊希姆河
额尔齐斯河
鄂毕河
别拉亚河
乌拉尔河
恩巴河
伏尔加河
图尔盖河
萨雷苏河
楚河
锡尔河
伊犁河
塔里木河
叶尔羌河
和田河
喀什噶尔河
喷赤河
(巴基斯坦实际控制区)
(印度实际控制区)
克什米尔
高度表
冰盖
m
6000
5000
4000
3000
2000
1500
1000
500
200
100
0
−200
东经44°
48°
52°
56°
60°
64°
68°
72°
76°
80°
84°
88°
92°
36°
40°
44°
52°

图1.1　中亚五国区划